納豆《なっとう》

(→30ページ)

大豆油

(→29ページ)

みそ

(→34ページ)

枝豆《えだまめ》

(→56ページ)

しょうゆ

(→38ページ)

大豆まるごと図鑑

すがたをかえる大豆

監修／国分牧衛

金の星社

大豆まるごと図鑑《ずかん》 すがたをかえる大豆

もくじ

監修《かんしゅう》のことば

私たちの祖先《そせん》は、千年以上《いじょう》も前から大豆を栽培《さいばい》してきました。大豆はそのままでは食べられないので、おいしい食べ方を工夫《くふう》してきました。とうふ、枝豆《えだまめ》、納豆《なっとう》、みそ、しょうゆ、もやしなど、大豆食品は私たちの毎日の食卓《しょくたく》にかかせないものばかりです。みそやしょうゆの作り方は少しむずかしいかもしれませんが、枝豆《えだまめ》やもやしは誰《だれ》でも作ることができます。作り方はこの本にわかりやすく説明《せつめい》していますので、ぜひ挑戦《ちょうせん》してみてください。お店から買ってきたものよりおいしくできたら、すばらしいですね。

大豆は中国や日本などアジアで生まれ育った作物ですが、いまでは南北アメリカ大陸《たいりく》でたくさん作られています。アジア以外《いがい》では食用油と家畜《かちく》のえさとしての利用《りよう》が大部分ですが、食品としての利用《りよう》もさかんに研究《けんきゅう》されています。みなさんも海外旅行の機会《きかい》があったら、気をつけてみてください。日本とはちがう大豆食品に出会うことができるでしょう。

大豆を栽培《さいばい》してみると、イネや野菜《やさい》などと比《くら》べ、ちがった特徴《とくちょう》があることに気がつきます。もっとも大きな特徴《とくちょう》は、根に根粒《こんりゅう》がつき、その働《はたら》きによって空気中の窒《ちっ》素《そ》を利用《りよう》できる仕組みを持っていることです。このため、イネや野菜《やさい》などに比《くら》べて窒素肥料《ちっそひりょう》がはるかに少なくてすむのです。太陽光の強さによって葉が運動すること、花がたくさんつくことなど、興味深《きょうみぶか》い現象《げんしょう》も大豆の大きな特徴《とくちょう》です。この本では大豆の特徴《とくちょう》についてもわかりやすく説明《せつめい》しています。みなさんも、大豆の特徴《とくちょう》を観察《かんさつ》してみてください。そして、このような特徴《とくちょう》の役割《やくわり》を考えてみてください。

この図鑑《ずかん》は、大豆のことをいろいろな面からわかりやすく説明《せつめい》しています。主な内容《ないよう》は、大豆の歴史《れきし》、栄養《えいよう》、いろいろな食品の作り方、栽培《さいばい》の仕方などです。全部を読むのはたいへんなので、関心《かんしん》のあるところや疑問《ぎもん》に思っているところを読んでみてください。みなさんの疑問《ぎもん》にきっと答えてくれることでしょう。

東北大学大学院農学研究科教授
国分牧衛《こくぶんまきえ》

すがたをかえる大豆

丸くコロコロとした大豆。煮豆《にまめ》として食《しょく》卓《たく》にのぼることがありますね。でも、それだけではありません。実はいろいろなすがたで毎日、みなさんの目に触《ふ》れ、口に入っています。大豆は、日本人の生活にかかせない大切な食べ物なのです。

毎日食べている食べ物には、たくさんの大豆がかくれている。大豆がどんなものに変身《へんしん》しているのか、調べてみよう。

大豆は畑で育つ。成長《せいちょう》した丸い大豆が、さやの中にたくさん入っているよ。大豆はどうやって育つんだろう。

大豆の種子《しゅし》。畑でたくさん実る大豆は、1粒《つぶ》の種子《しゅし》から育ったものだ。大豆は、どうしてたくさん食べられているのかな。いつごろから食べられるようになったんだろう。大豆の不思議《ふしぎ》を探ってみよう。

芽生《めば》えたばかりの大豆の芽《め》。

枝豆《えだまめ》は、まだ成長途中《せいちょうとちゅう》の大豆。すがたはちがうけど、枝豆《えだまめ》も大豆だよ。

小さな大豆の花。

第1章《しょう》

大豆ってなんだろう

大豆はとても古い時代から育てられ、
食べられてきました。
しかし、もとから日本にあったわけではありません。
大豆はどこからやってきたのでしょうか。
そして、どんな食べ物なのでしょうか。

大豆は豆のなかま

人が最初《さいしょ》に栽培《さいばい》した植物は、米や麦などの穀物《こくもつ》で、豆はそれに次いで、古くからある栽培《さいばい》植物といわれています。豆は植物の種子《しゅし》で、栄養《えいよう》がたくさんふくまれています。

へそ
さやの中に入っていたときに、さやとつながっていた部分。
大豆
本当の大きさ
約《やく》8mm。

マメ科の種子《しゅし》を食べる

「大きな豆」と書く大豆。大豆は豆のなかまで、私たちがふだん食べている豆は、「マメ科」という植物の種子《しゅし》です。マメ科の植物は、世界のさまざまなところに生えています。約《やく》２万種《まんしゅ》もあり、キク科、ラン科の次に大きな植物のグループです。マメ科の種子《しゅし》は、ほかの植物の種子《しゅし》に比《くら》べて大きく、また皮があつく保存《ほぞん》がきくので、食用に向いており、昔から食べられてきました。食用以外《いがい》にも、牧草《ぼくそう》、田畑の肥料《ひりょう》、薬用などや、また、建築《けんちく》の木材《もくざい》などとして使われ、人の暮《く》らしにさまざまに役立っています。

マメ科植物の特徴《とくちょう》

マメ科植物のいちばんわかりやすい特徴《とくちょう》は、種《しゅ》子《し》がさやに包《つつ》まれていることです。さやの中の種子《しゅし》を、豆として食べます。

葉には深い切れこみが何か所かあり、１枚の葉がいくつかに分かれています（→ 52 ページ）。

マメ科植物は葉がよく動き、夜になると葉を閉《と》じたり、光の具合によって角度をかえたりします（→ 53 ページ）。くきはまっすぐに立つものと、つるになるものとがあります。

花は、チョウが羽を広げたような独特《どくとく》の形です（→ 53 ページ）。根には「根粒《こんりゅう》」という粒《つぶ》があり、このおかげで養分《ようぶん》をたくさんつくることができます（→ 55 ページ）。

葉
１枚の葉が深く切れこんで、３つに分かれている。
くき
まっすぐ立ってのびる。毛が生えている。
実
さやに包《つつ》まれて種子《しゅし》が入っている。表面に毛が生えている。
花
チョウが左右の羽を開いたような形。

昔から食べられてきた大豆

古くは、「豆」といえば大豆を指したほど、大豆は日本の代表的《だいひょうてき》な豆です。

大豆の語源《ごげん》は「大いなる豆」といわれています。大いなる豆には、立派《りっぱ》で大切な豆という意味合いがこめられています。

どうして、大豆は大切にされてきたのでしょうか？ それは、豆のなかでもずばぬけた量《りょう》のタンパク質《しつ》がふくまれているからです。

タンパク質《しつ》は、体をつくるための重要《じゅうよう》な栄養素《えいようそ》です。日本には、大豆を使った料理《りょうり》や加工品《かこうひん》がたくさんあります。大豆のタンパク質《しつ》が、日本人の食生活を支《ささ》えてきました。

半分に割《わ》った大豆

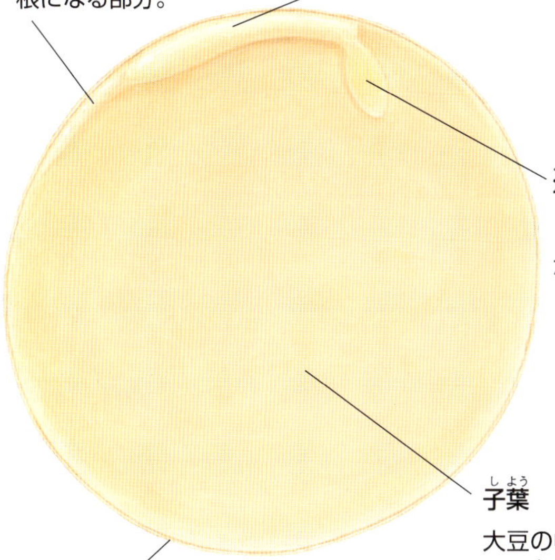

幼根《ようこん》
根になる部分。

はいじく
くきになる部分。

幼芽《ようが》
くき、葉になる部分。

子葉《しよう》
大豆の中のほとんどは、子葉《しよう》になる部分。ここに養分《ようぶん》がたくわえられている。

皮
中身がきずつかないように、かたい皮で守っている。

大豆基本《きほん》データ

分類《ぶんるい》：マメ目《もく》 マメ科 ダイズ属《ぞく》
原産地《げんさんち》：中国
英名《えいめい》：soybean（ソイビーン）
草丈《くさたけ》：30 ～ 90cm
花の時期：6 ～ 8 月
収穫《しゅうかく》時期：9 ～ 10 月（枝豆《えだまめ》は夏～秋の収穫《しゅうかく》）
そのほか：食用、工業用のために、畑で栽培《さいばい》される 1 年草の植物。長さ約《やく》 5cm のさやの中に、2 ～ 4 粒《つぶ》の種子《しゅし》（豆）が入る。別名《べつめい》オオマメ、ミソマメ、アゼマメ、エダマメなど。

コラム

野原でマメ科植物を探そう

マメ科の植物は、ふだんよく歩く道ばたや公園、草地など、いろいろなところで見られます。マメ科の特徴《とくちょう》に当てはまるものを探してみましょう。

シロツメクサ
春から秋に、道ばたや草地、田畑のまわりなどに白い花を咲《さ》かせる。クローバーともよばれる。花が赤むらさき色の種類《しゅるい》はアカツメクサという。

レンゲソウ
ゲンゲともよばれる。春に赤むらさき色の花が咲《さ》く。昔は、田んぼの土をよくするために植えられていたので、田んぼの近くでよく見られる。

カラスノエンドウ
春から初夏《しょか》に、赤むらさきの小さな花が咲《さ》く。くきはつるになってのび、葉の先が巻《ま》きひげになる。田畑のまわり、道ばた、草地などで見られる。

フジ
春から初夏《しょか》に花が咲《さ》く樹《じゅ》木《もく》。野生のものは山に生え、栽培《さいばい》のものは庭や公園に植えられる。野生の花はむらさき色だが、栽《さい》培《ばい》の花は白などもある。

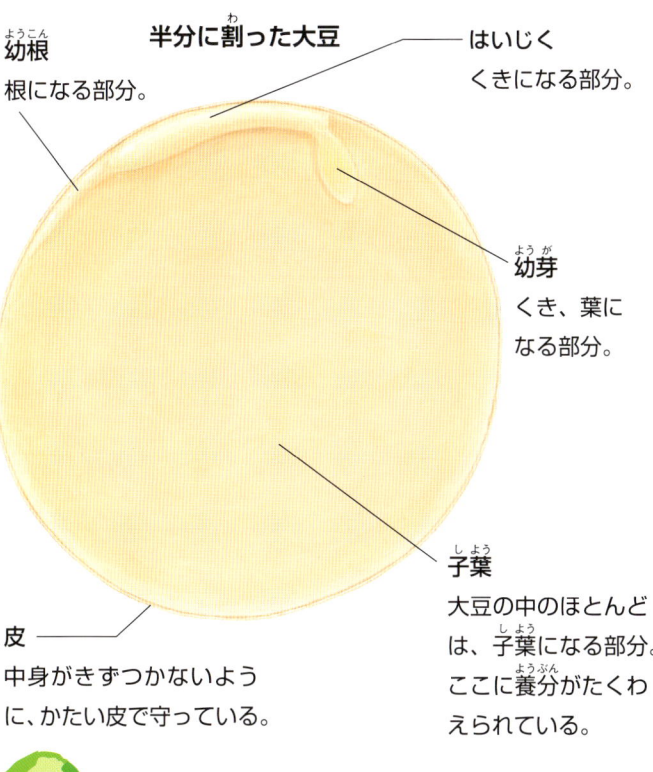

大豆はどこからやってきた？

田畑で栽培《さいばい》されている作物は、もともと野生で生えていたものを改良《かいりょう》して、現在《げんざい》の形になりました。大豆も同じく、栽培《さいばい》、改良《かいりょう》されて今の大豆になったのです。

もとは野草だった

大豆は、野草のツルマメを栽培《さいばい》したものだといわれています。ツルマメは、アジアに分布《ぶんぷ》するマメ科の植物です。日本でも、道ばたや草地で見られるので探してみましょう。

ツルマメは、種子《しゅし》（豆）が小さく、くきはつるになり、大豆とは特徴《とくちょう》がちがいます。しかし、大豆とかけ合わせると子孫《しそん》ができます。同じ種類《しゅるい》の植物同士は、子孫《しそん》を残《のこ》すことができるので、ツルマメは大豆と同じなかまだと考えられています。

またツルマメは、背《せ》が高かったり低《ひく》かったり、寒さに強いものや暑さに強いものなど、特徴《とくちょう》が変化《へんか》に富《と》んでいます。この性質《せいしつ》を利用《りよう》して、大豆をよりよくするために、ツルマメとかけ合わせた品種改良《ひんしゅかいりょう》が行われてきました。

ツルマメ。くきには毛が生えていて、何かに巻《ま》きつきながらのびる。8～9月ごろ、赤むらさき色の花が咲《さ》く。

ツルマメの実。さやの中に2～3粒《つぶ》の黒い小さな種子《しゅし》が入っている。

中国から日本へ

中国では4000年以上《いじょう》も前から、大豆が栽培《さいばい》されていたようです。日本には、中国から朝鮮《ちょうせん》半島《はんとう》を経《へ》て、大豆が入ってきたといわれています。日本の縄文時代《じょうもんじだい》の遺跡《いせき》からは、大豆と思われる豆のあとが見つかっています。

ただ、大豆の遺伝子《いでんし》にはいくつか型《かた》があり、もしかしたら中国だけでなく、ツルマメが生えていたアジアのいろいろな地域《ちいき》で、それぞれ栽培《さいばい》化《か》されたものがあったのかもしれません。

約《やく》1300年前の奈良時代《ならじだい》になると、中国と交易《こうえき》がさかんになり、さまざまな大豆の加工品《かこうひん》が伝《つた》わりました。さらに、約《やく》700年前の鎌倉時代《かまくらじだい》になると、大豆がより多く栽培《さいばい》されるようになりました。

大豆の伝播図《でんぱず》

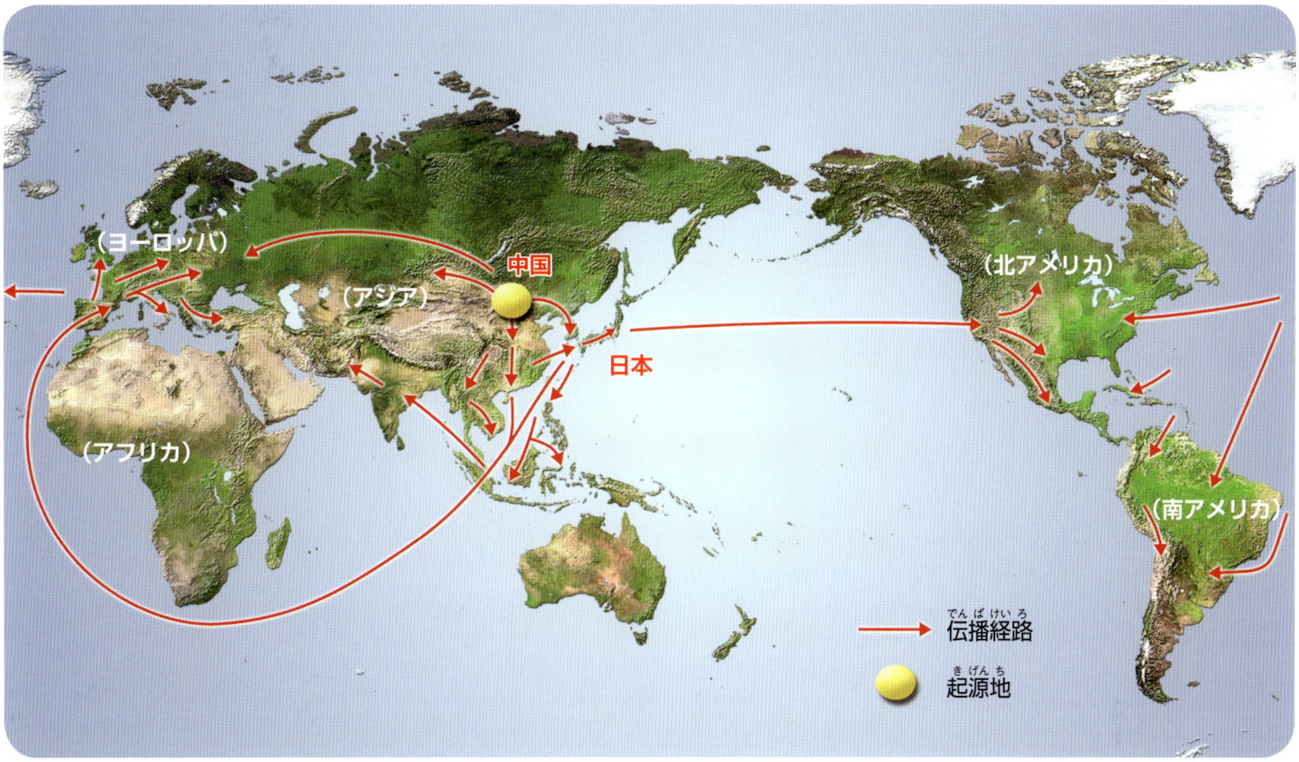

古事記《こじき》にも登場する大豆

『古事記《こじき》』(712年)は、日本で最《もっと》も古い歴史《れきし》書《しょ》です。その古事記《こじき》と、古事記《こじき》と同じくらい古い『日本書紀《にほんしょき》』(720年)にも、大豆の記事が記《しる》されています。さらに、『風土記《ふどき》』『延喜式《えんぎしき》』など、日本の重要《じゅうよう》な書物にも大豆のことが書かれています。

「五穀《ごこく》」という言葉がありますが、これは5つの主要《しゅよう》な穀物《こくもつ》のことをいいます。古事記《こじき》では、食べ物の神さまであるオオゲツヒメから、稲《いね》、麦、粟《あわ》、大豆、小豆《あずき》が生まれて、それが五穀《ごこく》となった話が記《しる》されています。このことからも、大豆は大事な作物だったことがうかがえます。

『古事記《こじき》』オオゲツヒメの話(あらすじ)

乱暴者《らんぼうもの》の神スサノオは、神々がすむ高天原《たかまがはら》を追い出されて地上に降《お》ります。そして、地上をさまよううちに、おなかがすき、食べ物の神オオゲツヒメのところへやってきました。

オオゲツヒメは、鼻や口、おしりなどから出した食べ物でつくった料理《りょうり》を、スサノオに分けあたえます。しかしそれを見たスサノオは、きたないものを食べさせられたとおこり、オオゲツヒメを切ってしまいます。

すると、オオゲツヒメの頭からカイコが、目からは稲《いね》が、耳からは粟《あわ》が、鼻からは小豆《あずき》が、またの間からは麦が、おしりからは大豆が生まれました。これが五穀《ごこく》のはじまりとなりました。

オオゲツヒメの体から生まれたもの

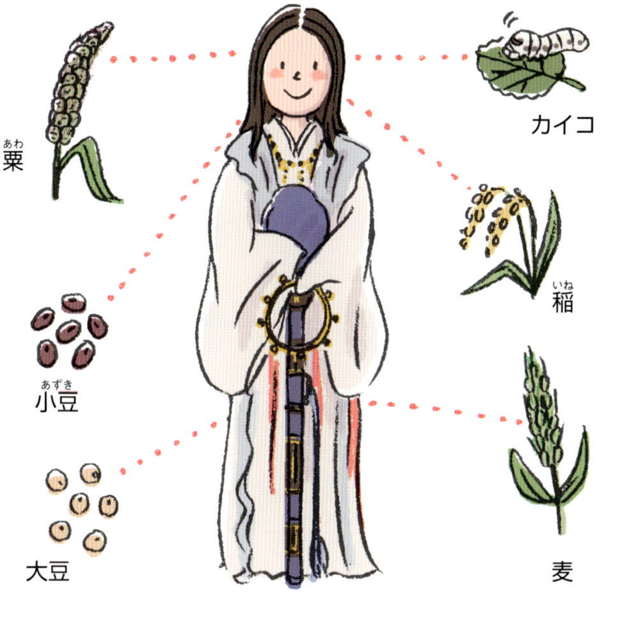

大豆いろいろ

日本には、地域《ちいき》ごとにさまざまな大豆があり、その数は数百種類《しゅるい》ともいわれています。色や大きさにより分けられており、ふだんはあまり目にしない大豆もあります。

黄大豆

皮が黄色〜黄白色の大豆です。一般的《いっぱんてき》な大豆で、多くの人が、大豆といったら黄大豆を思いうかべるのではないでしょうか。利用《りよう》される大豆のほとんどは黄大豆で、そのまま料理《りょうり》に使うのはもちろん、加工品《かこうひん》や油用にも使われます。

とよまさり

大粒《だいりゅう》のトヨムスメ、トヨコマチなど、いくつかのなかまをまとめたよび名。甘《あま》みが強く、煮豆《にまめ》などに使われる。

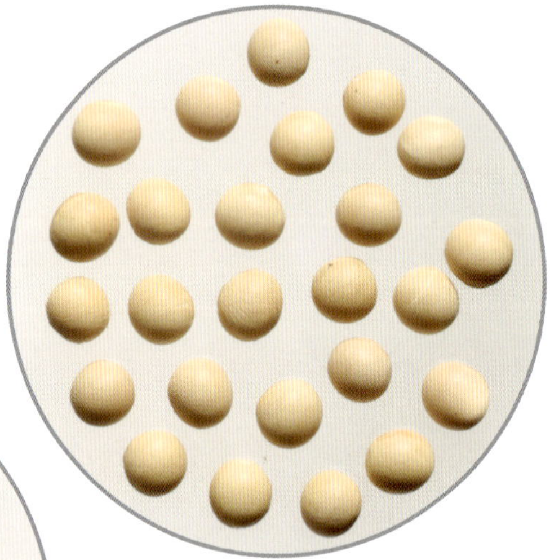

つるの子大豆

大粒《だいりゅう》の大豆。甘《あま》みが多くて歯ごたえがよい。煮豆《にまめ》などに使われる。

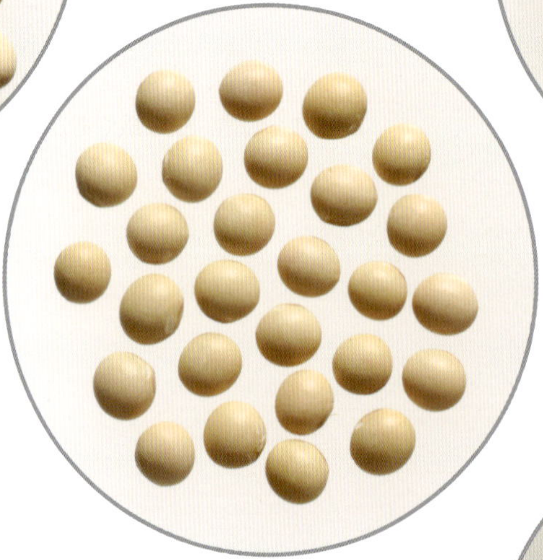

フクユタカ

大粒《だいりゅう》から中粒《ちゅうりゅう》の大豆で、あっさりとした味。生産量《せいさんりょう》が最《もっと》も多く、とうふなどに使われる。

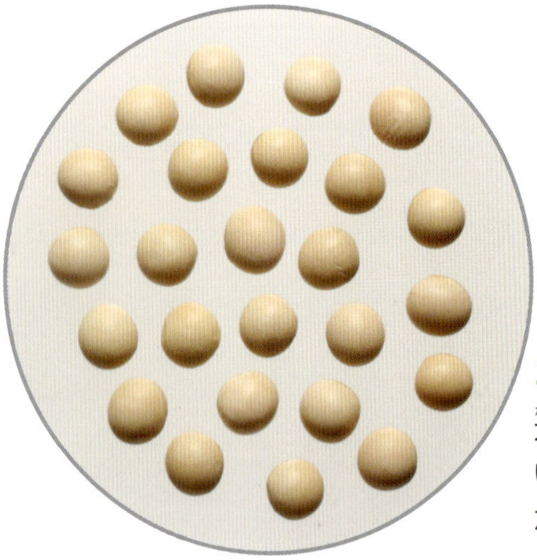

エンレイ

大粒《だいりゅう》から中粒《ちゅうりゅう》の大豆。やわらかい甘《あま》みで、みそやとうふなどの加工品《かこうひん》や煮豆《にまめ》などに使われる。

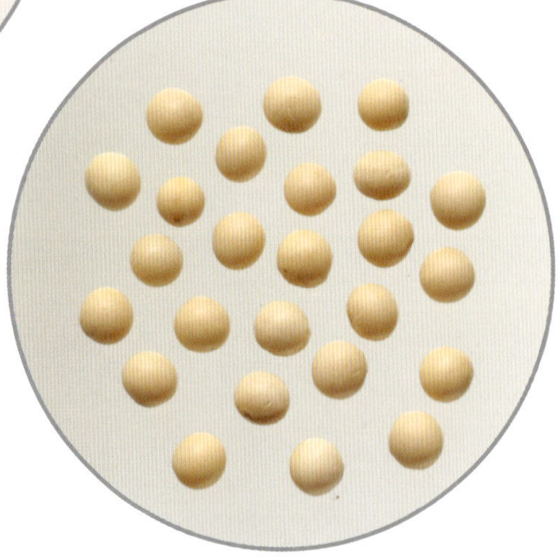

スズマル

とても小さな大豆で、つるの子大豆の３分の１ほどの重さ。納《なっ》豆《とう》などに使われる。

色大豆

皮が黒、緑など色つきの大豆です。黒大豆はおもに煮豆《にまめ》に、緑色の青大豆は煮豆《にまめ》やきな粉《こ》、おかしなどに使われます。皮が茶色や赤っぽいものもありますが、生産量《せいさんりょう》が少なくあまり出回っていません。

青大豆

熟《じゅく》しても緑色のままの大豆。甘《あま》みが強く、脂肪分《しぼうぶん》が少ない。おかしや煮豆《にまめ》などに使われる。

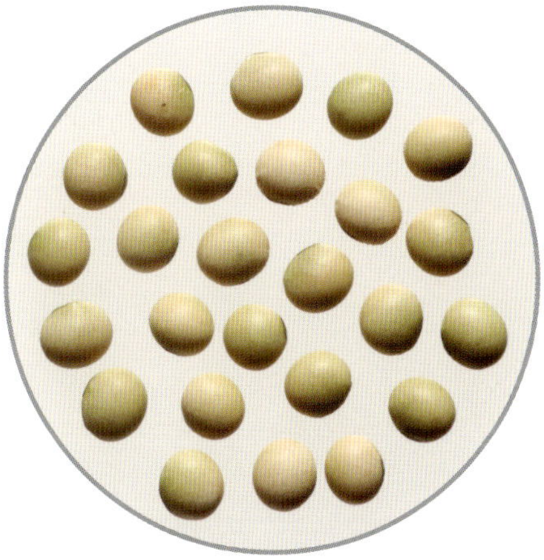

音更大袖振大豆《おとふけおおそでふりだいず》

黄色に緑色が少し入った大豆。コクがあり、とうふや煮豆《にまめ》、炒《い》り豆などに使われる。

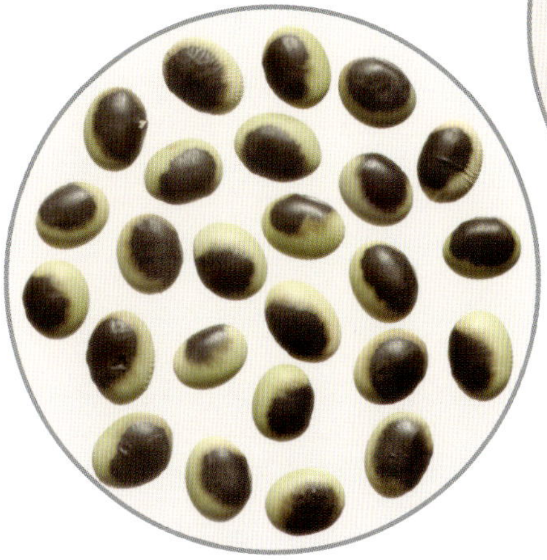

くらかけ大豆

緑色に黒がにじんだように入る。独特《どくとく》の風味で歯ごたえがあり、煮豆《にまめ》などに使われる。

黒千石大豆《くろせんごく》

極小粒《ごくしょうりゅう》の黒大豆で、生産量《せいさんりょう》が少なく貴重《きちょう》。豆ご飯《はん》やおかしなどに使われる。

丹波《たんば》黒大豆

黒大豆の代表品種《だいひょうひんしゅ》。大粒《だいりゅう》で食べごたえがあり、風味もよい。煮《に》豆《まめ》などに使われる。

コラム

大豆の大きさと用途《ようと》

収穫《しゅうかく》した大豆は、ふるいにかけて、大きさをより分けていきます。大豆は粒《つぶ》の大きさによって、使い方がちがいます。

大粒《だいりゅう》

大きさ：7.9mm 以上《いじょう》
用途《ようと》：煮豆《にまめ》や炒《い》り豆など、丸のまま使用。

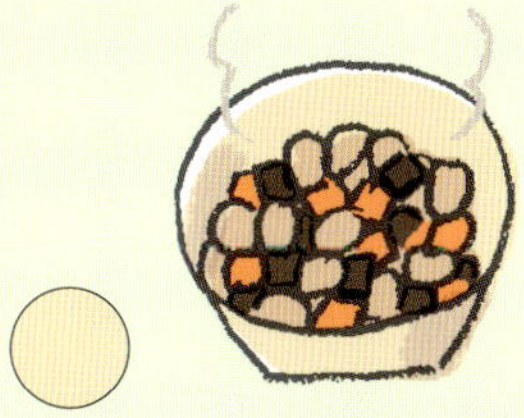

中粒《ちゅうりゅう》

大きさ：7.3mm 以上《いじょう》
用途《ようと》：とうふ、みそ、しょうゆなど、加工品《かこうひん》に使用。

小粒《しょうりゅう》

大きさ：5.5mm 以上《いじょう》
用途《ようと》：おもに納豆《なっとう》に使用。

極小粒《ごくしょうりゅう》

大きさ：4.9mm 以上《いじょう》
用途《ようと》：おもに納豆《なっとう》に使用。

いろいろな豆

昔から、世界中でいろいろな豆が栽培《さいばい》されてきました。現在《げんざい》、70 ほどの種類《しゅるい》が食用として世界で流通しています。そのなかで、日本でもよく栽培《さいばい》されている豆、食べられている豆を紹介《しょうかい》します。

花

畑のアズキ。細長いさやに入っている。

アズキ（小豆）

豆の長さ 6 ～ 7mm。中国から日本に伝《つた》わり、大豆と同じく古代から栽培《さいばい》されている。おもにアジアで食べられ、そのなかでも日本人が特《とく》に好《この》んで食べる豆。赤飯《せきはん》やあんこに使われる。

インゲンマメの品種《ひんしゅ》いろいろ

金時豆

花

白金時豆

うずら豆

インゲンマメ（隠元豆）

豆の長さ 5 ～ 20mm。メキシコなど中南米が原産地《げんさんち》。品種《ひんしゅ》によって、色やもようはいろいろ。煮《に》豆《まめ》やあんこに使われる。サヤインゲンは、若《わか》いさやを食べる。

花

ササゲ（大角豆）

豆の長さ 9 ～ 16mm。原産地《げんさんち》はアフリカ。アズキとよく似《に》ているが、ササゲはへその部分が少しへこんでいる。赤飯《せきはん》などに使われる。

畑のササゲ。若《わか》いさやごと食べることもある。

花

ソラマメ（空豆）

豆の長さ 10 ～ 30mm。原産《げんさん》地《ち》は北アフリカ、西アジア、地中海。豆は大きく、若《わか》い豆をゆでて食べたり、熟《じゅく》した豆を煮物《にもの》などに使ったりする。

さやが上を向くので、空豆と名前がついた。

花

花

エンドウ（豌豆）

直径《ちょっけい》３～10mm。ヨーロッパなどでは、とても古くから栽培《さいばい》されてきた豆。豆ごはんやあんこに使われる。サヤエンドウは若《わか》いさやごと食べる。

畑のエンドウ。グリーンピースともよばれる。

ラッカセイ（落花生）

南アメリカが原産地《げんさんち》。固いさやに豆が１～３粒《つぶ》入る。炒《い》ったりゆでたりして食べる。ピーナツ（ピーナッツ）ともいう。

畑のラッカセイ。花が咲《さ》いた部分がのびて地中にもぐり、豆が育つことから、落花生と名前がついた。

ヒヨコマメ

インドや中東でよく食べられ、世界的《せかいてき》に多く栽培《さいばい》されている。名前の通りにヒヨコの頭のような形の豆。スープや煮《に》こみ料理《りょうり》に使われる。ガルバンゾーともいう。

レンズマメ

西アジアが原産地《げんさんち》で古代から栽培《さいばい》されている。インドやヨーロッパでよく食べられ、スープやカレー、煮《に》こみ料理《りょうり》に使われる。レンズのように丸くて平たい形をしている。

コラム

エンドウから発見されたメンデルの法則《ほうそく》

オーストリアの修道士《しゅうどうし》で生物学者だったメンデルは、遺伝《いでん》の研究《けんきゅう》のためエンドウで実験《じっけん》を行い、８年以上《いじょう》かけて「メンデルの法則《ほうそく》」を導《みちび》き出しました。遺伝《いでん》とは、特徴《とくちょう》や性質《せいしつ》が、親から子へ受けつがれることです。
エンドウは栽培《さいばい》が簡単《かんたん》で、相反する特徴《とくちょう》（丸としわ、高いと低《ひく》いなど）がはっきりと出るため、遺伝《いでん》の実験《じっけん》に向いていたのです。

相反する７組の性質《せいしつ》 性質《せいしつ》が表れやすいほうを優性《ゆうせい》、表れにくいほうを劣性《れっせい》という。

	種子《しゅし》	種子《しゅし》	種皮《しゅひ》	さや	さや	花	草丈《くさたけ》
優性《ゆうせい》	丸型《まるがた》	黄色	有色《ゆうしょく》	くびれなし	緑色	葉のつけ根につく	高い
劣性《れっせい》	しわ型《がた》	緑色	無色《むしょく》	くびれあり	黄色	くきの上	低《ひく》い

エンドウの実験《じっけん》

相反する性質《せいしつ》をかけ合わせると、両方の遺伝子《いでんし》を受けつぐ。しかし１代目に表れるのは優性《ゆうせい》だけ。

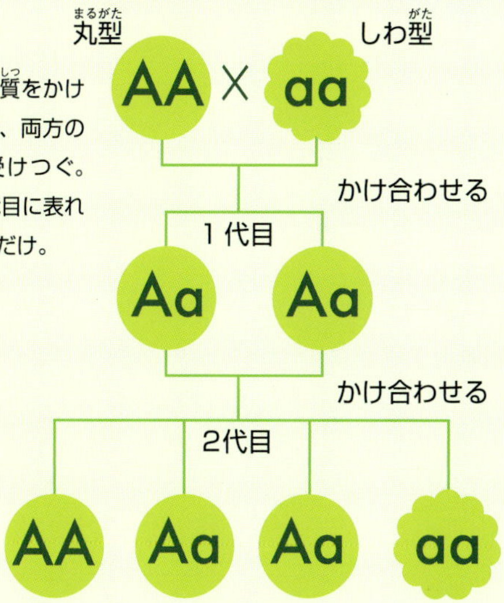

２代目は、１代目ではかくれていた劣性《れっせい》の性質《せいしつ》が、優性《ゆうせい》３：劣性《れっせい》１の割合《わりあい》で表れる。

タンパク質豊富《しつほうふ》な大豆

食べ物は、おなかを満《み》たすだけでなく、体に栄養《えいよう》を取り入れるためにも重要《じゅうよう》なものです。大豆には栄養《えいよう》がたくさんふくまれており、なかでもタンパク質《しつ》が豊富《ほうふ》です。

肉にもおとらぬタンパク質《しつ》

タンパク質《しつ》は、人の体に必要《ひつよう》な栄養素《えいようそ》で、肉や魚、卵《たまご》、乳製品《にゅうせいひん》など、動物性《どうぶつせい》の食べ物に多くふくまれています。豆類《まめるい》は、植物性《しょくぶつせい》の食べ物のなかではタンパク質《しつ》が多く、そのなかでも大豆は植物で唯一《ゆいいつ》、肉に匹敵《ひってき》するタンパク質《しつ》がふくまれているのです。

大豆を表す言葉に「畑の肉」というものがあります。これは、大豆のタンパク質《しつ》の多さに注目した、ドイツでよばれはじめたものです。

大豆は、根粒菌《こんりゅうきん》という根についた菌《きん》が、養分《ようぶん》をたくさんつくり、また広く深く張《は》った根が、土中の養分《ようぶん》をよく吸収《きゅうしゅう》するため、栄養豊富《えいようほうふ》なのです。

100g 中のタンパク質量《しつりょう》

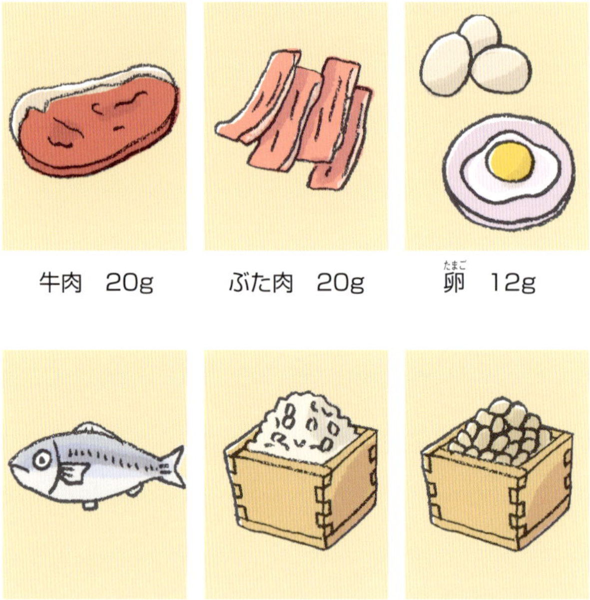

牛肉　20g

ぶた肉　20g

卵《たまご》　12g

アジ　20g

白米　2.5g

大豆（乾燥《かんそう》）35g

肉を食べられなかった時代のタンパク源《げん》

その昔、ウシやウマの肉は貴族《きぞく》などの食べ物で、庶民《しょみん》はたまに、鳥やイノシシなど野生の動物をつかまえて食べる程度《ていど》でした。また、中国から伝《つた》わった仏教《ぶっきょう》の「生き物をころしてはいけない」という教えが広まり、ますます肉を食べなくなっていきました。そこで、肉のかわりのタンパク源《げん》として、大豆の栽培《さいばい》がさかんになりました。

寺院《じいん》では、穀物《こくもつ》や豆類《まめるい》、野菜《やさい》だけでつくった「精進料理《しょうじんりょうり》」が発達《はったつ》しました。精進料理《しょうじんりょうり》では、肉のかわりに大豆が使われました。そして、奈良時代《ならじだい》に中国から伝《つた》わった大豆食品のほかに、日本でも独《どく》自《じ》に大豆を加工《かこう》するようになったのです。寺院《じいん》での料理《りょうり》の工夫《くふう》が、大豆食品をより発達《はったつ》させることになりました。

精進料理《しょうじんりょうり》が発達《はったつ》したのは鎌倉時代《かまくらじだい》からで、大豆の栽培《さいばい》がさかんになった時期と重なる。

タンパク質《しつ》は体をつくる

タンパク質《しつ》は、おもに体をつくる栄養素《えいようそ》で、人の体重のうち、約《やく》5分の1を占《し》めます。
体に入ったタンパク質《しつ》は、そのままでは吸収《きゅうしゅう》されません。消化のときに一旦分解《いったんぶんかい》されて「アミノ酸《さん》」になってから、体の各部分のタンパク質に組みこまれます。アミノ酸《さん》とは、タンパク質《しつ》の材料《ざいりょう》になっている成分《せいぶん》です。

体内のタンパク質《しつ》は、古くなると分解《ぶんかい》されます。そして、食べ物から新たに取り入れたタンパク質《しつ》と合わさり、新しいタンパク質《しつ》になります。また、体のエネルギーになったり、おしっこやうんちと一緒《いっしょ》に体の外へ出たりして、タンパク質《しつ》は徐々《じょじょ》に減《へ》ります。減《へ》った分のタンパク質《しつ》は、食べ物から補《おぎな》わなければいけません。

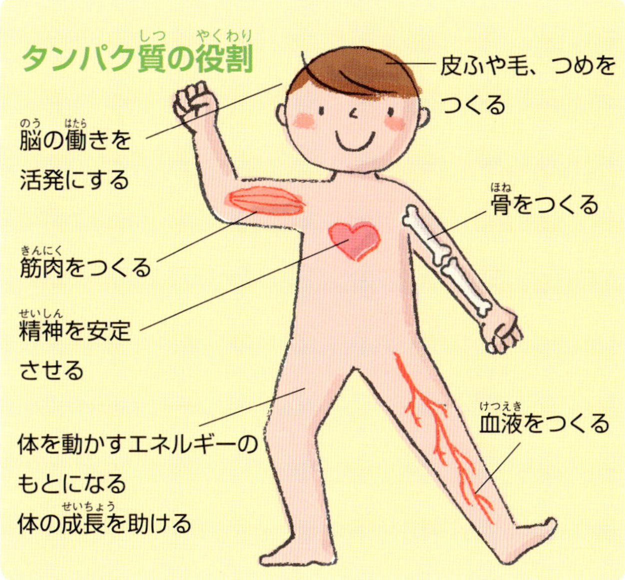

注目！ 必須《ひっす》アミノ酸《さん》

人の体のタンパク質《しつ》は、20種類《しゅるい》のアミノ酸《さん》の、さまざまな組み合わせでつくられています。20種類《しゅるい》のアミノ酸《さん》のなかには、体内でつくることができないものがあり、これを「必須《ひっす》アミノ酸《さん》」とよびます。人は9種類《しゅるい》の必須《ひっす》アミノ酸《さん》を、食べ物から取る必要《ひつよう》があります。

アミノ酸《さん》を取り入れるには、肉や魚、そして大豆などの、良質《りょうしつ》のタンパク質《しつ》をふくむ食べ物を食べなければいけません。ただし、大豆の必須《ひっす》アミノ酸《さん》は、メチオニンの量《りょう》が少し低《ひく》いのですが、それは、ほかの食べ物との組み合わせで補《おぎな》えます（→19ページ）。

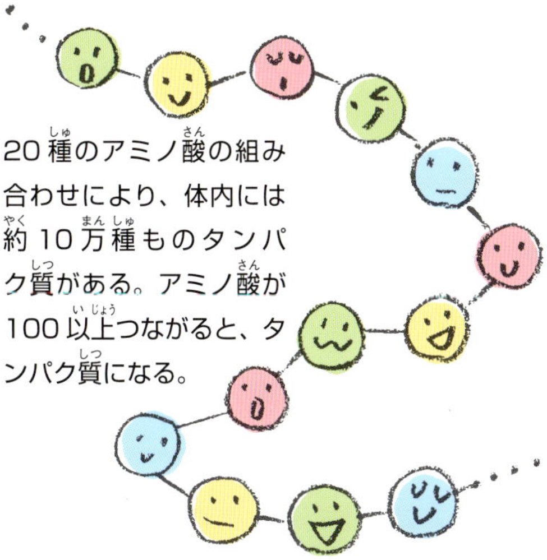

20種《しゅ》のアミノ酸《さん》の組み合わせにより、体内には約《やく》10万《まん》種《しゅ》ものタンパク質《しつ》がある。アミノ酸《さん》が100以上《いじょう》つながると、タンパク質《しつ》になる。

必須《ひっす》アミノ酸《さん》の役割《やくわり》

イソロイシン：筋肉《きんにく》をつくる・筋肉《きんにく》を動かすエネルギー源《げん》となる・疲労回復《ひろうかいふく》など。
ロイシン：筋肉《きんにく》をつくる・筋肉《きんにく》を動かすエネルギー源《げん》となる・肝臓機能《かんぞうきのう》の向上など。
リジン：体の成長《せいちょう》や代謝《たいしゃ》を助ける・つかれにくくする・肝臓機能《かんぞうきのう》の向上など。
メチオニン：体を若《わか》く保《たも》つ・肥満《ひまん》を防止《ぼうし》する・精神《せいしん》を安定させるなど。
フェニルアラニン：記憶能力《きおくのうりょく》や学習能力《がくしゅうのうりょく》を向上させる・精神《せいしん》を安定させるなど。
スレオニン：体の成長《せいちょう》を助ける・肝臓機能《かんぞうきのう》の向上など。
トリプトファン：神経《しんけい》をしずめる・睡眠《すいみん》をうながす作用など。
バリン：筋肉《きんにく》をつくる・筋肉《きんにく》を動かすエネルギー源《げん》となる・疲労回復《ひろうかいふく》など。
ヒスチジン：体の成長《せいちょう》を助ける・血液《けつえき》をつくるなど。

バランスのよい栄養食《えいようしょく》

人が生きるうえでかかせない栄養素《えいようそ》である、タンパク質《しつ》、脂質《ししつ》、炭水化物《たんすいかぶつ》、ビタミン、ミネラルを合わせて「五大栄養素《ごだいえいようそ》」といいます。大豆の栄養素《えいようそ》を見てみましょう。

大豆の栄養素《えいようそ》

大豆はタンパク質《しつ》が豊富《ほうふ》ですが、さらにほかの栄養素《えいようそ》もバランスよくふくまれています。

大豆の栄養成分《えいようせいぶん》
（乾燥《かんそう》大豆 100g 中）

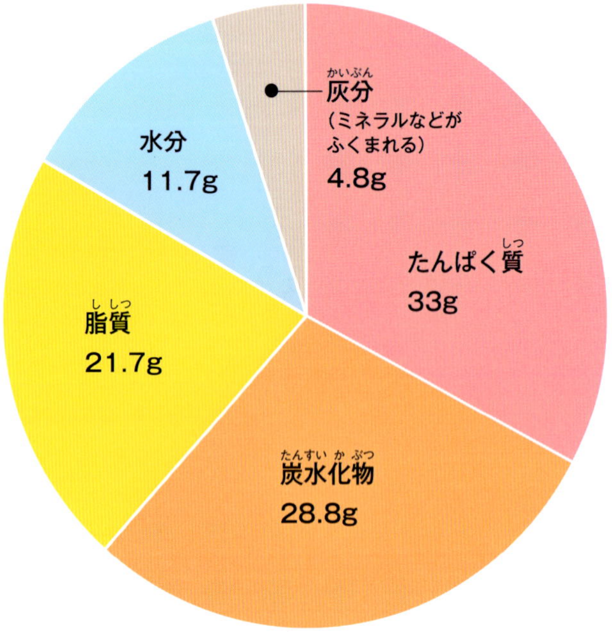

コラム

大豆はコレステロールを下げる

脂質《ししつ》にふくまれているコレステロールには、HDL と LDL の 2 種類《しゅるい》があります。血管《けっかん》や細胞《さいぼう》のかべなどの材料《ざいりょう》になりますが、LDL コレステロールが増《ふ》えると、血管《けっかん》のかべが厚《あつ》くなってボロボロになったり、血液《けつえき》が通らなくなったりして動脈硬化《どうみゃくこうか》を起こすことがあります。
しかし、大豆の脂質《ししつ》には LDL コレステロールがなく、さらに血液中《けつえきちゅう》のコレステロールを下げる働《はたら》きがあります。

脂質《ししつ》

脂質《ししつ》は、肉の脂《あぶら》や魚の油、植物の油などにふくまれています。大豆は豆のなかでも油が多く、乾燥《かんそう》大豆の重さの約《やく》 20%が脂質《ししつ》です。
脂質《ししつ》は、体のエネルギー源《げん》となり、体を動かしたり体温を保《たも》ったりするのに役立ちます。また、カロテンやビタミンなど、ほかの栄養《えいよう》の吸収《きゅうしゅう》を助けます。
さらに、肉の脂質《ししつ》は血管《けっかん》や細胞《さいぼう》のかべをつくる材料《ざいりょう》となり、魚の油は神経細胞《しんけいさいぼう》などをつくる材料《ざいりょう》になります。植物の油は血液《けつえき》の流れをよくする働《はたら》きがあります。

炭水化物《たんすいかぶつ》

炭水化物《たんすいかぶつ》には、糖質《とうしつ》と食物せんいの 2 つがあります。米やパンなどの主食になるものや、イモ類《るい》、豆類《まめるい》、砂糖《さとう》などに多くふくまれます。乾燥《かんそう》大豆の重さの約《やく》 30%が炭水化物《たんすいかぶつ》です。
炭水化物《たんすいかぶつ》の糖質《とうしつ》は、体を動かしたり、頭を働《はたら》かせるエネルギー源《げん》となります。すぐにエネルギーにならない分は、体の中にためられます。
食物せんいは、大腸《だいちょう》にたまっている、吸収《きゅうしゅう》されなかった食べ物の残《のこ》りなどをからめとって、うんちとして出します。

ビタミン・ミネラル

ビタミンとミネラルは、体の調子を整える働《はたら》きがあります。ビタミンは 13 種類《しゅるい》あり、くだものや野菜《やさい》、ぶた肉、卵《たまご》、納豆《なっとう》などに多くふくまれます。豆類《まめるい》に多くふくまれるビタミン B_1 には、炭水化物《たんすいかぶつ》がエネルギーにかわる助けをしたり、皮ふを健康《けんこう》に保《たも》ったりする働《はたら》きがあります。
16 種類《しゅるい》あるミネラルは無機質《むきしつ》ともいい、海藻《かいそう》や牛乳《ぎゅうにゅう》、ナッツ、豆類《まめるい》などに多くふくまれています。豆類《まめるい》には、骨《ほね》や歯をつくるカルシウム、細胞《さいぼう》や筋肉《きんにく》の動きを助けるカリウムのほかに、マグネシウム、鉄、亜鉛《あえん》なども豊富《ほうふ》です。

大豆特有《とくゆう》の成分《せいぶん》

おもな栄養素《えいようそ》のほかにも、大豆には大豆特有《とくゆう》の体によい成分《せいぶん》が多くふくまれています。いくつか紹介《しょうかい》します。

大豆イソフラボン

イソフラボンには、女性《じょせい》ホルモンと似《に》た作用があり、肌《はだ》や髪《かみ》をきれいに保《たも》ったり、骨《ほね》をじょうぶにしたりする働《はたら》きがあります。また糖尿病《とうにょうびょう》や動脈硬《どうみゃくこう》化《か》予防《よぼう》にも効《こう》果《か》があります。しかし、とりすぎるとホルモンバランスがくずれることがあるので、イソフラボンがふくまれた健康《けんこう》食品は、とりすぎないようにしましょう。

大豆サポニン

サポニンには、がんや動脈硬《どうみゃくこう》化《か》などの病気予防《よぼう》、コレステロールを下げる、体を若《わか》く保《たも》つなどの働《はたら》きがあります。大豆をゆでるときに、お湯にうくアク（しぶみや苦みのあわ）には、サポニンがたくさんふくまれています。ふつうアクは捨《す》てますが、捨《す》てずに、ゆで汁《じる》ごと使うと、サポニンがたくさんとれます。

大豆オリゴ糖《とう》

オリゴ糖《とう》には、腸内菌《ちょうないきん》を活性《かっせい》化《か》させる働《はたら》きがあります。特《とく》にビフィズス菌《きん》などの、よい菌《きん》を増《ふ》やすので、おなかの調子が整いお通じがよくなります。甘《あま》みがあり、砂糖《さとう》と同じように使えますが、虫歯の原因《げんいん》になりにくく、さらに砂糖《さとう》よりも低《てい》カロリーなので、ダイエットなどで砂糖《さとう》をひかえているときによいです。

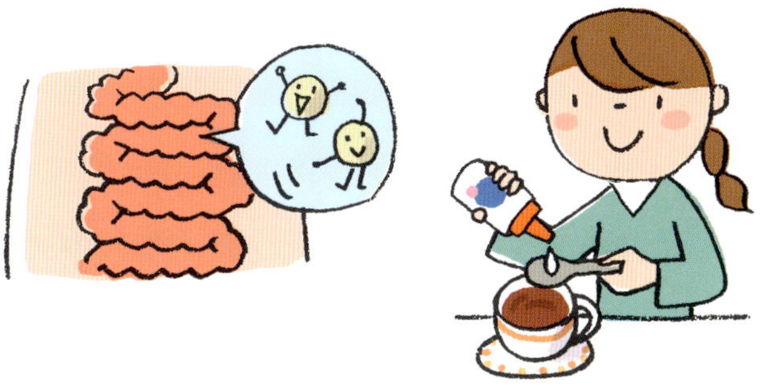

大豆レシチン

レシチンは細胞《さいぼう》の膜《まく》をつくる材料《ざいりょう》となり、体中の細胞《さいぼう》を支《ささ》える役割《やくわり》をしています。また、血管《けっかん》の中にくっついているコレステロールなどを取り除《のぞ》き、血液《けつえき》の流れをよくします。体を動かしたり、ものを考えたりすることに関《かか》わる、神経《しんけい》の伝達物質《でんたつぶっしつ》の材料《ざいりょう》にもなっているため、脳《のう》が活発になり、記《き》憶力《おくりょく》が向上します。

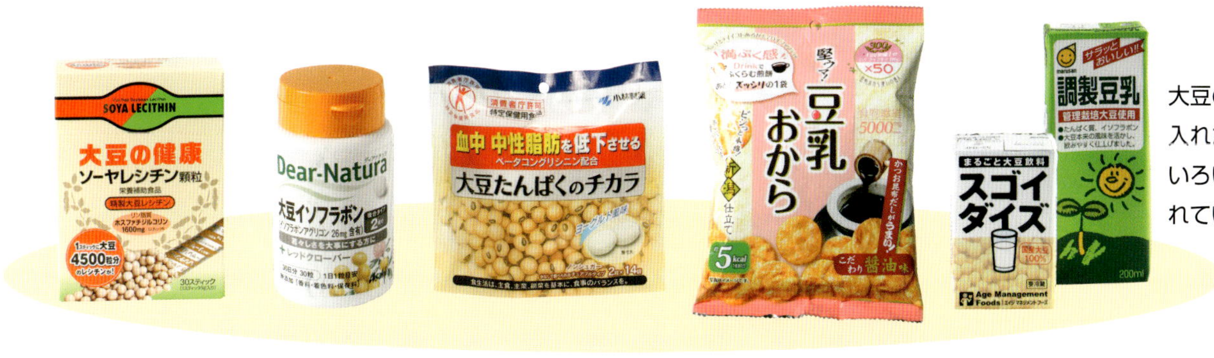

大豆の成分《せいぶん》を取り入れた健康《けんこう》食品がいろいろと販売《はんばい》されている。

お米と大豆の関係《かんけい》

米はトウモロコシ、小麦とともに「世界三大穀物《こくもつ》」とよばれている、重要《じゅうよう》な作物です。米と大豆には、深い関《かか》わりがあります。

米はアジアの主食

アジアでは、古代から稲作《いなさく》がさかんに行われてきました。稲《いね》の実から、皮を取り除《のぞ》いた米は、アジアの多くの国で主食になっています。

日本には、中国から稲作《いなさく》が伝《つた》わりました。約《やく》2500年前に現在《げんざい》のような、水田で栽培《さいばい》する大《だい》規模《きぼ》な農業がはじまりました。大豆と同じように、米は古くから日本人が食べてきた作物です。

日本だけでなくアジアの国でも、米を食べる地域《ちいき》では大豆を食べており、国によって、さまざまな大豆食品があります。このように米と大豆は、日本、そしてアジアの人たちの食生活を支《ささ》えてきました。

稲穂《いなほ》が実る田んぼ。現在《げんざい》発見されている、日本最古《さいこ》の水田跡《すいでんあと》は、約《やく》2400年前のものといわれている。

ごはんは米をたいたもの。米のまわりについたぬかを取り除《のぞ》いたものは白米、ぬかがついたままのものは玄《げん》米《まい》という。

コラム うるち米ともち米

日本では、ジャポニカ種《しゅ》という米を栽培《さいばい》して食べています。ジャポニカ種《しゅ》には、うるち米ともち米があります。うるち米は、ふだん主食として食べている米で、みそ、しょうゆなどの原料《げんりょう》にもなります。もち米は、ついてもちにしたり、赤飯《せきはん》やおこわに使ったりします。

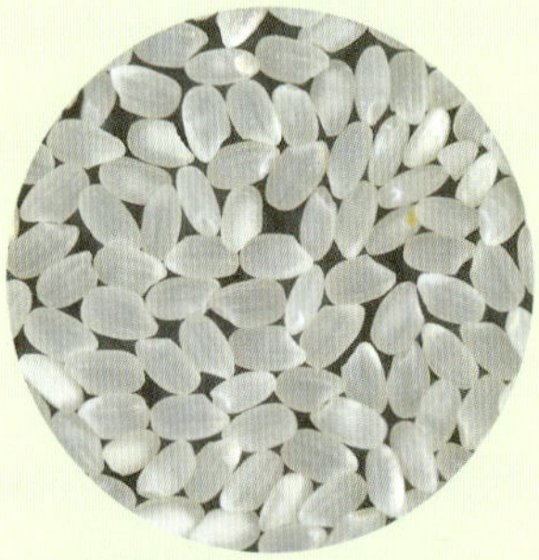

うるち米
透明感《とうめいかん》がある。たくと、少しだけねばり気が出る。

もち米
不透明《ふとうめい》で白っぽい。たくと、とてもねばり気が出る。

稲《いね》の成長《せいちょう》

田んぼに植えられたばかりの稲《いね》。葉が5～6枚《まい》のびた稲《いね》を、5～6月に植える。

夏に向けて、根元からくきが分かれて葉が増《ふ》える。草《くさ》丈《たけ》ものび、稲《いね》の穂《ほ》が出る。

稲《いね》の穂《ほ》から花が咲《さ》く。白くて小さく目立たない。咲《さ》いているのは1～3時間ほど。

秋に向けて実がふくらんでいき、熟《じゅく》すと黄金色になる。9～10月が稲刈《いねか》り時期。

米と大豆は補《おぎな》い合う

米は炭水化物《たんすいかぶつ》が豊富《ほうふ》で、ほかにタンパク質《しつ》やビタミンなどもふくんでいます。しかし、米には必須《ひっす》アミノ酸《さん》（→ 15 ページ）のリジンが少なく、また、タンパク質《しつ》も体に必要《ひつよう》な量《りょう》を補《おぎな》えません。そこで大豆と一緒《いっしょ》に食べれば、大豆のリジンとタンパク質《しつ》がプラスされます。

これは、大豆でも同じことがいえて、大豆に少ない必須《ひっす》アミノ酸《さん》のメチオニンが、米によってプラスされます。そして、大豆を食べるだけでは足りない炭水化物《たんすいかぶつ》も補《おぎな》えます。

9 種類《しゅるい》ある必須《ひっす》アミノ酸《さん》は、そのうち 8 種類《しゅるい》の値《あたい》が高くても、残《のこ》り 1 種類《しゅるい》が低《ひく》ければ、9 種類《しゅるい》とも低《ひく》い値《あたい》までしか体に吸収《きゅうしゅう》されません。

米と大豆を一緒《いっしょ》に食べれば、足りない分を補《おぎな》い合えて、栄養吸収《えいようきゅうしゅう》の値《あたい》がよくなります。日本人はごはんとともに、みそやとうふなどの大豆食品を、なにげなく食べていますが、実はおたがいを補《おぎな》い合っているすごいコンビなのです。

アミノ酸《さん》のおけ

必須《ひっす》アミノ酸《さん》の栄養《えいよう》は、よく、おけにたとえられます。組み合わさったおけの板が 1 つでも低《ひく》いと、水はそこまでしかたまりません。

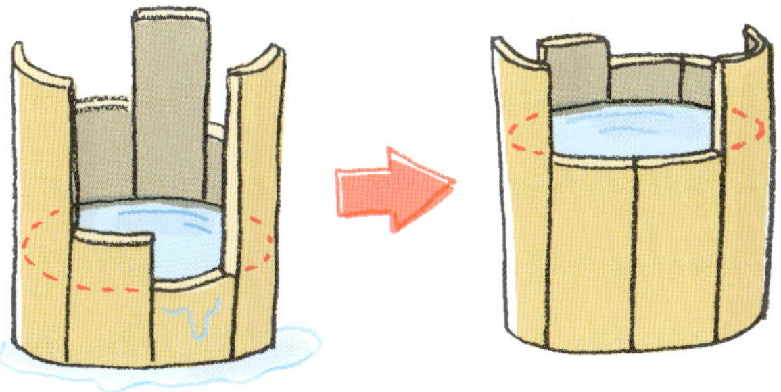

板が 1 つでも低《ひく》いと、そこまでしかたまらない。

補《おぎな》い合って板を高くすれば、多くためられる。

米と大豆の朝ごはん

日本の朝ごはんは、米と一緒《いっしょ》に、みそ汁《しる》、納豆《なっとう》、とうふなど、大豆食品を食べることが多い。

あぜに植えられた大豆

大豆は、田んぼのあぜに植えたことから、「あぜ豆」ともよばれます。あぜに大豆を植えると、よく張《は》った大豆の根で、あぜがじょうぶになり、また大豆も田んぼの水でよく育ちます。こんなところでも、米と大豆は補《おぎな》い合っています。

約《やく》 1300 年前の奈良時代《ならじだい》の書物『風土記《ふどき》』に、田んぼのあぜに、大豆を植える風習が記《しる》されていることからも、米と大豆の古くからの関《かか》わりがうかがえます。

また、昔の農民は「年貢《ねんぐ》」といって、農作物を税金《ぜいきん》として納《おさ》めていました。しかし、田んぼのあぜでつくられた大豆は、年貢《ねんぐ》を取られなかったので、農民にとっては貴重《きちょう》な食べ物でした。

田んぼのあぜに植えられた大豆。あいているあぜを活用できる。今でも、米どころの地域《ちいき》で見られる光景《こうけい》。

大豆を生で食べちゃだめ！

大豆は、体によい成分《せいぶん》がたくさんふくまれている、栄養満点《えいようまんてん》の食べ物です。でも、実は生のままの大豆には、人にとってよくない成分《せいぶん》もふくまれています。

身を守るための毒《どく》がある

植物の種子《しゅし》は栄養《えいよう》が多く、生き物たちにとってはごちそうです。そのため、種子《しゅし》は生き物に食べられないように、毒《どく》になる成分《せいぶん》や、厚《あつ》い皮などで身を守ります。

大豆にも、種子《しゅし》を守る工夫《くふう》が備《そな》わっています。サポニンやイソフラボン（→ 17 ページ）は、人の体によい作用を起こす反面、苦みやくさみがあります。また、レシチン（→ 17 ページ）も苦みがあり、ときには、おなかをこわすこともあります。大豆に限《かぎ》らず、豆類《まめるい》はこうしたものをふくんでいるものが多いのです。

しかし、私たちは、ふだん豆を食べても、おなかをこわすことはあまりありませんね。なぜなら、火を通した豆を食べているからです。

大豆を食べるカワラヒワ。鳥やネズミなどは、植物の実や種子《しゅし》を好《この》んで食べる。動物によっては、人と同じように中毒《ちゅうどく》をおこすこともある。

火を通せば毒《どく》は消える

大豆は、生のままでは固いし苦みがあるので、食べるときは火を通します。水にひたしてから煮《に》たり、しっかりと炒《い》ったり、きちんと火を通せば、有毒成分《ゆうどくせいぶん》がぐんと少なくなります。

さらに、加工《かこう》・発酵《はっこう》させた大豆食品は、有毒成分《ゆうどくせいぶん》がほとんど消えています。火を通したり加工《かこう》したりすることで、人の害《がい》になるものが消えて、よい成分《せいぶん》が残《のこ》るのです。また、成長途中《せいちょうとちゅう》には有毒成分《ゆうどくせいぶん》がないので、大豆の芽《め》であるもやしや、若《わか》い大豆である枝豆《えだまめ》に毒《どく》はありません。

大豆をふくむ豆類《まめるい》は、必ずしっかりと火を通して食べましょう。絶対《ぜったい》、生で食べてはいけません。

大豆の毒《どく》ぬき

水にひたしたあと、やわらかくなるまでよく煮《に》る。

15 分ほど、よく炒《い》る。

加工《かこう》・発酵《はっこう》食品は加工《かこう》の段階《だんかい》で毒《どく》が消える。

成長途中《せいちょうとちゅう》のもやしや枝豆《えだまめ》は毒《どく》がない。

第2章《しょう》

大豆が大変身《だいへんしん》

日本人は、昔から大豆を大切に食べてきました。
大豆をおいしく食べるためや、保存《ほぞん》するため、
いろいろと工夫《くふう》をして、
たくさんの大豆食品がうまれました。

毎日どこかに大豆

大豆は、日本で最《もっと》も利用《りよう》されている豆です。そのままで食べるよりも、加工《かこう》して食べるほうが多く、大豆食品の種類《しゅるい》はたくさんあります。毎日といっていいほど、私たちは大豆を食べています。

すがたをかえてどこかに大豆

今日の食事は、どんなメニューでしょうか。食卓《しょくたく》の上に乗っている料理《りょうり》に、大豆は入っていますか？ たとえ、丸い豆の形でなくても、大豆はすがたをかえて、あちらこちらにかくれています。

食用油（→ 29 ページ）

脂質《ししつ》を多くふくむ大豆は、油の原料《げんりょう》になります。植物油を混《ま》ぜてくつられているサラダ油や天ぷら油には、大豆油がふくまれています。

納豆《なっとう》（→ 30 ページ）

ネバネバした納豆《なっとう》は、大豆を発酵《はっこう》させたものです。発酵《はっこう》することで、体によい成分《せいぶん》が増《ふ》えます。

油あげ（→ 25 ページ）

油あげは、とうふを油であげたものです。いなりずしに使われます。また、みそ汁《しる》や煮物《にもの》などに入れると、汁《しる》をたっぷりと吸《す》って、おいしくなります。

煮豆《にまめ》

固い大豆を水でもどして、やわらかく煮《に》た煮豆《にまめ》は、大豆のすがたそのままで、食卓《しょくたく》へのぼります。大豆の味や食感がよくわかります。

とうふ（→ 24 ページ）

とうふは、大豆をすりつぶして固めたもので、栄養豊富《えいようほうふ》な食べ物です。冷《ひ》ややっこのように、そのままでも、温めて湯どうふや、みそ汁《しる》の具などにもできます。

しょうゆ（→ 38 ページ）

日本の食卓《しょくたく》に必《かなら》ずといっていいほどある調味料《ちょうみりょう》、しょうゆも、大豆からできています。大豆と小麦に、塩水を混《ま》ぜ、こうじカビで発酵《はっこう》させたものです。

大豆を加工《かこう》する

生の大豆は、独特《どくとく》のにおいと、味に苦みやしぶみがあるため、昔から食べやすく加工《かこう》されてきました。はじめは、煮《に》たり炒《い》ったりと単純《たんじゅん》な加工《かこう》だったものが、より食べやすく、保存《ほぞん》しやすいものを求《もと》めて、工夫《くふう》をくり返し、今のようにさまざまな加《か》工品《こうひん》がうまれました。

枝豆《えだまめ》（→ 56 ページ）

夏によく食べられる枝豆《えだまめ》は、成長《せいちょう》途中《とちゅう》の若《わか》い大豆です。緑色の豆で、野菜《やさい》としての栄養《えいよう》もあります。

みそ（→ 34 ページ）

みそは、しょうゆと同じく、大豆を発酵《はっこう》させたものです。原料《げんりょう》は大豆、米などの穀物《こくもつ》、塩、こうじカビで、しょうゆとほとんどかわりませんが、味も見た目もちがいます。

厚《あつ》あげ、がんもどき（→ 25 ページ）

厚《あつ》あげもがんもどきも、とうふを油であげて加工《かこう》したものです。厚《あつ》みがあり、煮物《にもの》にすると、味がよく染《し》みこみます。

おから（→ 25 ページ）

とうふづくりには、すりつぶした大豆の汁《しる》を使いますが、そのしぼりかすが、おからです。大豆の栄《えい》養《よう》が、まだまだ残《のこ》っています。

とうふ

さっぱりしていても栄養満点《えいようまんてん》

大豆をすりつぶして、豆乳《とうにゅう》にしたものを固めると、とうふになります。さっぱりとしてくせもなく、そのまま食べることも、料理《りょうり》に使うこともあります。大豆の栄養《えいよう》がほとんど失《うしな》われていないので、栄《えい》養《よう》たっぷりです。

とうふを冷《ひ》やしてそのまま食べる冷《ひ》ややっこ。ねぎやしょうがを乗せて、しょうゆをかけて食べる。

昔はぜいたく品だった

とうふは、今から約《やく》1300年前の奈良時代《ならじだい》に、中国から伝《つた》わったといわれています。
僧侶《そうりょ》が寺院《じいん》で食べていたものが貴族《きぞく》に伝《つた》わり、昔はぜいたくな食べ物でした。約《やく》500～600年前の室町時代《むろまちじだい》になると、全国に広まりました。しかし、江戸時代のはじめまでは、まだまだぜいたく品で、将軍《しょうぐん》が農民《のうみん》に「とうふを食べてはいけない」と、おふれを出しました。
庶民《しょみん》がとうふを食べられるようになったのは、江戸時代中期からです。1782年には『豆腐《とうふ》百珍《ひゃくちん》』という、とうふ料理《りょうり》ばかり100種類《しゅるい》ものっている本が出されました。

おからの炒《い》り煮《に》。昔から、おそうざいとして、よく食べられている。

消化がよく栄養満点《えいようまんてん》

とうふは、大豆の栄養《えいよう》の多くを引きついでおり、タンパク質《しつ》と脂質《ししつ》をたっぷりふくんでいます。固まるときに、粒子《りゅうし》が水を囲《かこ》んで結《むす》びつき、あみ目状《じょう》になるため、水分が多く、やわらかい口当たりです。
煮豆《にまめ》の2倍近く消化吸収《きゅうしゅう》がよく、さらに栄《えい》養満点《ようまんてん》なので、体調がよくないときでも食べられる、すぐれた食べ物です。日本以外《いがい》にも、アジア各地にとうふがありますが、このやわらかいとうふは日本独特《どくとく》のものです。ほかの国のものは、水分が少なく固いとうふです。
とうふをつくるときに出る、大豆のしぼりかすの「おから」は食物せんいが多く、おなかの調子を整える効果《こうか》があります。

コラム

アジア各地、とうふのよび名

とうふは中国でつくられ、各地に広がったといわれています。そのためか、どの国も似《に》た名前でよばれています。

中国……トウブ
タイ……タウフ
ベトナム……ダウフ
ミャンマー……ドウフウ
インドネシア…トウフウ
朝鮮半島《ちょうせんはんとう》……トウブ

ベトナムで売られているとうふ。

とうふのなかま

とうふは、固さのちがう種類《しゅるい》がいくつもあります。固まったとうふの上から、重《おも》しでおすと、水分が出て固くなります。淡白《たんぱく》な味のため、口当たりにちがいを出そうとしたのかもしれません。また、油であげる加《か》工《こう》をした、とうふもあります。

いろいろなとうふ

やわらかい

よせどうふ

固まったあと、重《おも》しをせず、水にもさらさずに、そのままのもの。水分が多くてやわらかく、器にすくって盛《も》る。

きぬごしどうふ

きぬでこしたようになめらか、という意味。濃《こ》い豆乳《とうにゅう》を型《かた》に入れて固め、重《おも》しをせずに切り分けて、水にさらす。

もめんどうふ

木綿《もめん》の布《ぬの》をしいた型《かた》に、固まったとうふを入れ、上からおして切り分け、水にさらす。水分が出てしっかりした固さになる。

かたどうふ

昔ながらのとうふ。もめんどうふよりも長時間、重い重《おも》しでおして、水分をたくさん出すため、とても固い。

かたい

豆乳《とうにゅう》

大豆をすりつぶし、熱《ねつ》を加《くわ》えてしぼった飲み物。豆乳《とうにゅう》を固めると、とうふになる。中国など、アジア各地で飲まれている。

高野どうふ

とうふをこおらせて乾燥《かんそう》させたもの。水でもどすと、スポンジのようにフカフカする。煮物《にもの》などにして食べる。

ゆば

豆乳《とうにゅう》を熱《ねっ》するとできる、表面の膜《まく》。生のゆばと、乾燥《かんそう》させたゆばがある。鎌倉《かまくら》時代《じだい》ごろから食べられるようになった。

油あげ

水切りして、うすく切ったとうふを、油であげたもの。中まであがっている。みそしるや、いなりずしなどに使う。

厚《あつ》あげ

水切りしたとうふを、油であげたもの。表面はあげ色がつき、中はとうふの状態《じょうたい》。煮物《にもの》や炒《いた》め物などの料理《りょうり》に使う。

おから

とうふや豆乳《とうにゅう》をつくるときに出る、しぼりかす。炒《い》り煮《に》にしたり、ひき肉に混《ま》ぜたりして使う。

がんもどき

水切りしたとうふをつぶし、ヤマイモと野菜《やさい》を混《ま》ぜてあげたもの。寺院《じいん》で食べられる精《しょう》進《じん》料理《りょうり》でもよく使われる。

とうふができるまで

昔ながらの町のとうふ店では、夜明けからとうふをつくりをはじめ、できあがったものを、朝から店先に並《なら》べます。ここでは、もめんどうふができるまでを紹介《しょうかい》します。

くだいてドロドロにする

前の日から水にひたした大豆を、機械《きかい》に入れて、水を入れながらよくくだく。くだいてドロドロになったものは「呉《ご》」という。

呉《ご》を煮《に》る

呉《ご》を 100 度前後の温度で煮《に》る。煮《に》ると表面にあわがうかぶので、あわ消しをする。

呉《ご》をしぼる

呉《ご》をしぼったあとに出るおから。

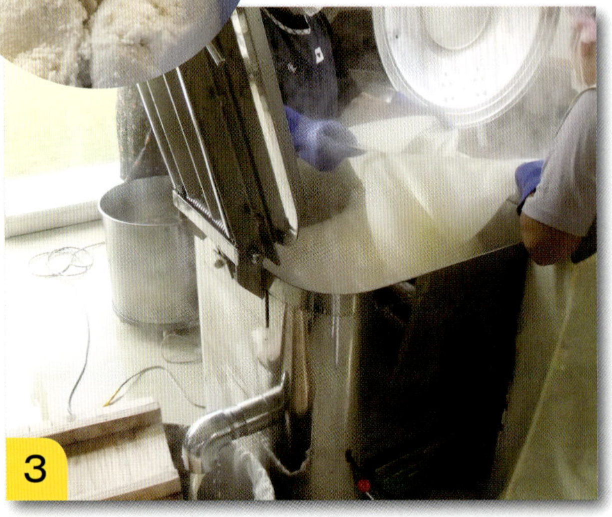

煮《に》えた呉《ご》をしぼり機《き》でしぼり、豆乳《とうにゅう》とおからに分ける。

にがりを入れて固める

熱《あつ》い豆乳《とうにゅう》に「にがり」を入れて混《ま》ぜ合わせると、固まってくる。

型《かた》に入れて重《おも》しを乗せる

もめんの布《ぬの》をしいた型《かた》に、固まったとうふを入れて、重《おも》しでおして水分をぬく。

水にさらす

固めたとうふを型《かた》から出し、水にさらして、にがりのにおいを取り除《のぞ》く。

切り分ける

水にさらしながら、1丁《ちょう》の大きさに切り分ける。

ポイント

にがり

海水から塩をつくるときに、苦い水分が出ます。これを「にがり（苦汁）」といいます。にがりの成分《せいぶん》である、塩化マグネシウムは、豆乳《とうにゅう》を固める性質《せいしつ》があります。にがりで固めることで、大豆のタンパク質《しつ》が閉《と》じこめられるので、とうふは栄養価《えいようか》が高いのです。

容器《ようき》につめて出荷《しゅっか》

切り分けたとうふを容器《ようき》につめて、店頭に並《なら》べる。

きな粉《こ》

大豆丸ごと
すりつぶし

大豆を炒《い》って、丸ごとすりつぶしたものが、きな粉《こ》です。栄養《えいよう》は大豆とほとんどかわりません。和がしの材料《ざいりょう》としてよく使われ、砂糖《さとう》と混《ま》ぜ合わせて、もちや団子《だんご》にまぶして食べます。

もちにきな粉《こ》をまぶした、きな粉《こ》もち。地域《ちいき》によっては安倍川《あべかわ》もちともよぶ。

昔は薬として利用《りよう》していた

きな粉《こ》は、約《やく》1300年前の奈良時代《ならじだい》からあったといわれ、はじめは寺院《じいん》で僧侶《そうりょ》が薬として食べていたようです。大豆の栄養《えいよう》を、ほぼそのままふくんでいるので、体が弱っているときに食べることで、栄養補給《えいようほきゅう》になったのでしょう。粉《こな》にした分、丸のままの大豆よりも体に栄養《えいよう》が吸収《きゅうしゅう》されやすく、また、食物せんいも豊富《ほうふ》です。さらに、炒《い》ることでこうばしくなり、食欲《しょくよく》が増《ま》します。
もちや団子《だんご》にまぶすものは、あまり色がつかないように炒《い》ってあります。牛乳《ぎゅうにゅう》などに混《ま》ぜて飲むものは、とけやすいように、皮を取り除《のぞ》いてからすりつぶしてあり、なめらかな仕上がりです。

わらび粉《こ》でつくったわらびもちは、きな粉《こ》をまぶして黒みつをかけて食べる。

おはぎは、蒸《む》したもち米を丸めて、あんこやきな粉《こ》をまぶしたもの。

きな粉《こ》の種類《しゅるい》

きな粉《こ》は、黄色い色のものだけではありません。大豆の種類《しゅるい》によって、色のちがうきな粉《こ》もあります。色はちがいますが、味と栄養《えいよう》は、あまりかわりません。

きな粉《こ》

黄大豆からつくった、ふつうのきな粉《こ》。

うぐいすきな粉《こ》

青大豆からつくった、うす緑色のきな粉《こ》。鳥のウグイスの色に似《に》ている。

黒豆きな粉《こ》

黒大豆からつくったきな粉《こ》。ふつうのきな粉《こ》よりも少し暗い色。

大豆油

世界中で
利用《りよう》されている

大豆は、豆のなかでも脂質《ししつ》が多く、世界中で油をとるために利用《りよう》されています。以前《いぜん》は大豆をしぼっていましたが、現在《げんざい》では、薬品を使って、油をとかして取り出しています。

大豆油は、世界ではパーム油の次に、日本では、なたね油の次に多く生産《せいさん》される植物油。

くせがなく使いやすい油

大豆には脂質《ししつ》が多くふくまれ、乾燥《かんそう》大豆の重さの約《やく》20%が脂質《ししつ》です。大豆油は、世界で最《もっと》も生産《せいさん》される植物油の１つです。くせがなく、サラダ油や天ぷら油として使われます。
大豆油に多くふくまれている、リノール酸《さん》とリノレン酸《さん》は、体内でつくることができないので、食べ物からとる必要《ひつよう》があります。神経機能《しんけいきのう》の向上、コレステロールを下げるといった効果《こうか》がありますが、油のとりすぎは肥満《ひまん》につながるので、適度《てきど》に利用《りよう》することが大切です。
また、大豆から油をとったあとのかす「大豆ミール」は、しょうゆの原料《げんりょう》や、ウシやブタのえさになります。

大豆油からできるもの

大豆油は、サラダ油や天ぷら油など、油そのものとしてだけではなく、いろいろな食品の原料《げんりょう》にもなっています。

マヨネーズ
おもに油と酢《す》と卵《たまご》からできている。サラダなどにかけて食べる。

マーガリン
おもに油と乳製品《にゅうせいひん》からできている。パンなどにぬって食べる。

サラダドレッシング
おもに油と酢《す》からできている。サラダなどにかけて食べる。

コラム

いろいろな植物油

植物油は、植物の実や種子《しゅし》から、油を取り出してつくります。大豆油と同じように、サラダ油や天ぷら油などに使われます。

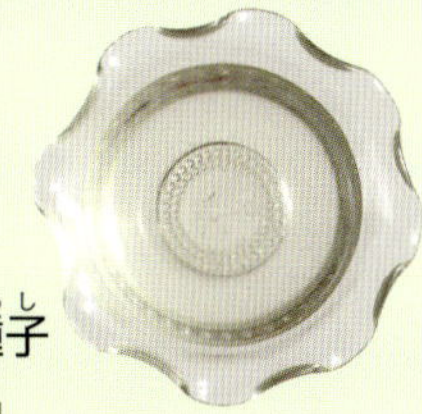

なたね油
アブラナの種子《しゅし》からできる油。

べにばな油
ベニバナの種子《しゅし》からできる油。

オリーブ油
オリーブの実からできる油。

ごま油
ゴマの種子《しゅし》からできる油。

納豆《なっとう》

ネバネバに パワーがかくれている

納豆《なっとう》は、大豆を納豆菌《なっとうきん》で発酵《はっこう》させた、発酵《はっこう》食品です。発酵《はっこう》することで、独特《どくとく》のにおいと、うま味になります。納豆《なっとう》の特徴《とくちょう》はネバネバと糸を引くことですが、このネバネバに、納豆独自《なっとうどくじ》のパワーがかくされています。

納豆《なっとう》はふつう、ごはんに乗せて食べる。ねばりに独特《どくとく》のうま味と風味があり、かき混《ま》ぜると、さらにおいしくなる。

納豆菌《なっとうきん》がぐうぜんついた？

納豆《なっとう》は、約《やく》600年前の室町時代《むろまちじだい》に誕生《たんじょう》したと考えられています。わら（乾燥《かんそう》した稲《いね》のくき）にすみつく納豆菌《なっとうきん》が、ぐうぜん煮《に》た大豆について、発酵《はっこう》したといわれていますが、起源《きげん》はよくわかっていません。

江戸時代になると、毎朝、納豆売《なっとうう》りがきて、朝食にみそ汁《しる》と納豆《なっとう》という、大豆食品の食べ合わせができました。冬には、食物せんいやビタミンをふくむ納豆《なっとう》で、野菜不足《やさいぶそく》を補《おぎな》いました。

アジアには、それぞれの地域《ちいき》で誕生《たんじょう》した納豆《なっとう》がありますが、においのないものや、糸を引かないものもあります。日本の納豆《なっとう》は、日本独特《どくとく》のものなのです。

納豆《なっとう》の表面の白いものは、納豆菌《なっとうきん》の集まり。元気な納豆菌《なっとうきん》がたくさんいる新鮮《しんせん》な納豆《なっとう》は、表面全体が白い。

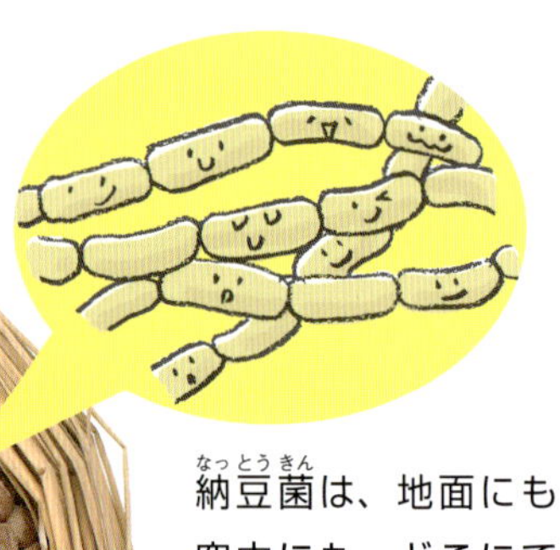

納豆菌《なっとうきん》は、地面にも空中にも、どこにでもふつうにいる菌《きん》だが、特《とく》に稲《いね》のわらに多くすみついている。

昔は、わらに包《つつ》んで納《なっ》豆《とう》をつくっていた。煮《に》た大豆をわらに包《つつ》んで、40度の温度で保温《ほおん》すると、1日でできる。

納豆菌《なっとうきん》が生み出す効果《こうか》

納豆《なっとう》のネバネバの正体は、納豆菌《なっとうきん》が分解《ぶんかい》したタンパク質《しつ》です。大豆についた納豆菌《なっとうきん》は、大豆を栄養分《えいようぶん》にしてどんどん増《ふ》えます。そのときに、大豆の組織《そしき》を細かく分解《ぶんかい》するので、納《なっ》豆《とう》はやわらかく、消化吸収《きゅうしゅう》がよくなります。

煮豆《にまめ》と比《くら》べて、10倍多くふくまれるビタミン B_2 は、体の成長《せいちょう》をうながす、皮ふを健康《けんこう》に保《たも》つなどの効果《こうか》があります。骨《ほね》をじょうぶにするビタミンKもたっぷりです。ネバネバにふくまれるナットウキナーゼは、血液《けつえき》サラサラ効果《こうか》があります。さらに、血圧《けつあつ》を下げたり、腸《ちょう》を健康《けんこう》に保《たも》ったりする効果《こうか》もあります。

このように、納豆菌《なっとうきん》は、人の体によいものを増《ふ》やしたり、つくったりしてくれます。

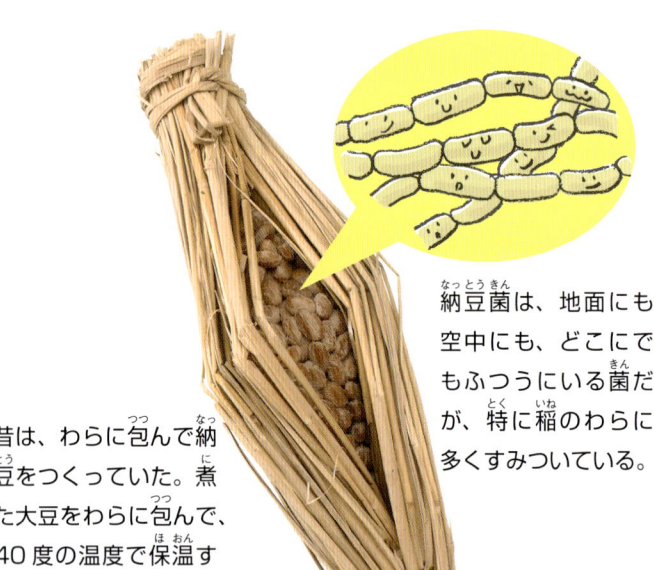

納豆《なっとう》のなかま

もともと、西日本では食べることが少なく、東日本で食べられていたので、生産《せいさん》地《ち》の多くは関東《かんとう》と東北です。

粒納豆《つぶなっとう》

大豆を丸のまま発酵《はっこう》させた、一般的《いっぱんてき》な納豆《なっとう》。小さな粒《つぶ》の大豆を使うことが多い。

ひきわり納豆《なっとう》

細かくくだいた大豆を発酵《はっこう》させたもの。昔から秋田県などでつくられ、今でも、東北地方でよく食べられている。

干《ほ》し納豆《なっとう》

納豆《なっとう》を干したもの。茨城県《いばらきけん》でつくられている。納豆菌《なっとうきん》の効《こう》果《か》はそのままで、保存《ほぞん》がきく。

塩納豆《しおなっとう》

納豆《なっとう》を保存《ほぞん》するために、塩づけにしたもの。山形県や高知県でつくられている。

コラム

アフリカに納豆《なっとう》？

アジアの国以外《いがい》では見かけない納豆《なっとう》ですが、なんと、遠くはなれたアフリカにも、納豆《なっとう》があるのです。西アフリカには、パルキアという豆を納豆菌《なっとうきん》で発酵《はっこう》させた、「ダウダウ」という食べ物があります。豆を納豆菌《なっとうきん》で発酵《はっこう》させているので、納豆《なっとう》のなかまです。調味料《ちょうみりょう》として、スープなどに入れます。

ダウダウは、大豆を煮《に》て発酵《はっこう》させたあと、つぶして丸める。

コラム

こうじカビでつくる納豆《なっとう》

現在《げんざい》の納豆《なっとう》のように、糸を引く「糸引き納豆《なっとう》」が登場する以前《いぜん》は、塩辛《しおから》くて糸を引かない納豆《なっとう》が主流でした。中国から伝《つた》わった納豆《なっとう》で、納豆菌《なっとうきん》ではなく、こうじカビで発酵《はっこう》させた納豆《なっとう》です。もともと、これを納豆《なっとう》とよんでいましたが、糸引き納豆《なっとう》のほうが広まったので、「塩辛納豆《しおからなっとう》」と名前をかえて、区別《くべつ》するようになりました。

塩辛納豆《しおからなっとう》は、黒っぽい色でポロポロとしていて、みそのような、かおりがある。「浜納豆《はまなっとう》」という名で売られている。

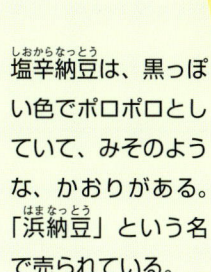

納豆《なっとう》ができるまで

昔は、わらについた納豆菌《なっとうきん》で発酵《はっこう》させたので、わらに包《つつ》まれた「わら納豆《なっとう》」が売られていました。現在《げんざい》では、培養《ばいよう》した納《なっ》豆菌《とうきん》を使うので、わらではなく、プラスチック容器《ようき》の中で発酵《はっこう》させます。

ポイント

納豆菌《なっとうきん》

納豆菌《なっとうきん》は「枯草菌《こそうきん》」の一種《いっしゅ》です。枯《か》れ草の中、土の中、空気中など、自然界《しぜんかい》のどこにでもいる菌《きん》です。昔は、わらについている納豆菌《なっとうきん》で発酵《はっこう》させていたので、発酵《はっこう》のしかたが不安定でしたが、明治《めいじ》時代《じだい》に、納豆菌《なっとうきん》の培養《ばいよう》に成功《せいこう》してからは、納豆《なっとう》づくりが安定しました。

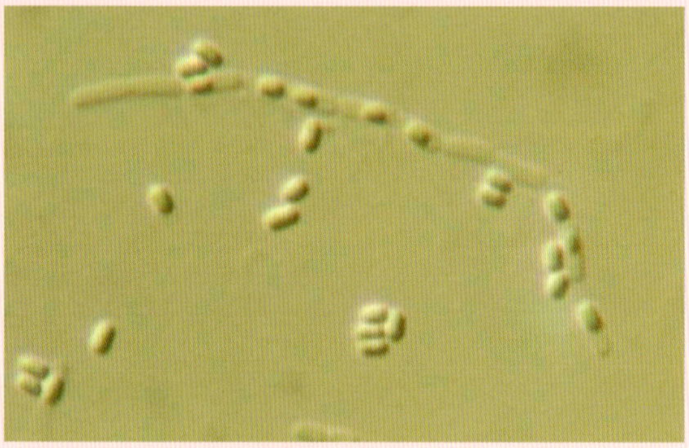

顕微鏡《けんびきょう》で拡大《かくだい》した納豆菌《なっとうきん》。とても小さく肉眼《にくがん》では見えない。細長い形の菌《きん》が１つ１つ、つながっている。

大豆を洗《あら》う

1

大豆を水でよく洗《あら》う。このとき、割《わ》れた大豆などを取り除《のぞ》く。

大豆を水にひたす

2

洗《あら》った大豆を水にひたし、２倍の大きさになるまでもどす。

大豆を蒸《む》す

3

大きなかまで、大豆を蒸《む》し上げる。

納豆菌《なっとうきん》をかける

大豆が熱《あつ》いうちに、納豆菌《なっとうきん》をまんべんなくかける。大豆の粒《つぶ》の大きさにより、かける納豆菌《なっとうきん》の量《りょう》がちがう。

容器《ようき》につめる

納豆菌《なっとうきん》をかけた大豆を、容器《ようき》につめる。

発酵《はっこう》させる

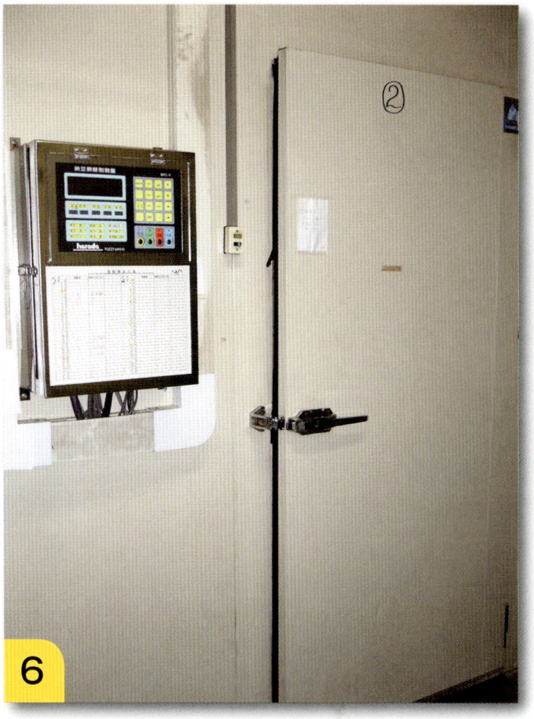

専用《せんよう》の部屋で発酵《はっこう》させる。発酵《はっこう》したら、冷蔵庫《れいぞうこ》で1日冷《ひ》やして休ませ、発酵《はっこう》を止める。

出荷《しゅっか》する

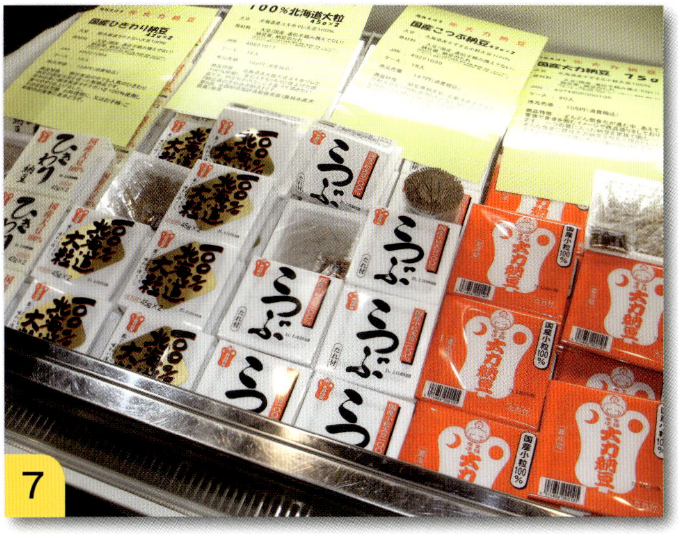

できあがった納豆《なっとう》を包装《ほうそう》して、スーパーなどの店に出荷《しゅっか》する。

みそ

昔は貴重《きちょう》なタンパク源《げん》だった

みそは、大豆、米などの穀物《こくもつ》、塩を「こうじカビ」で発酵《はっこう》させた調味料《ちょうみりょう》です。こうじカビが、大豆と穀物《こくもつ》のでんぷんを糖《とう》にかえ、その糖《とう》を食べて乳酸菌《にゅうさんきん》と酵母菌《こうぼきん》が増《ふ》えます。いろいろな菌《きん》のおかげで、うま味と風味が生まれます。

地域《ちいき》により、さまざまな色や味のみそがある。

昔は貴重《きちょう》なものだった

現在《げんざい》では調味料《ちょうみりょう》として使われるみそですが、昔はおかずとして食べられていて、貴重《きちょう》なタンパク源《げん》でした。縄文時代《じょうもんじだい》から、すでにみそのようなものが日本にあったとも、中国から伝《つた》わってきたともいわれています。

約《やく》1300年前の奈良時代《ならじだい》から、書物に登場するようになります。そのころはまだ、貴族《きぞく》の食べ物で、丸のままの豆みそを食べていました。

その後の時代になると武士《ぶし》に広まり、さかんにつくられるようになりました。

さらに時代が進んで、江戸時代になると、庶民《しょみん》も食べるようになり、特《とく》に人口の多い江戸の町には、日本各地からみそが運ばれてきました。

みそ汁《しる》は、だし汁《じる》にみそを入れたもの。各家庭や地域《ちいき》によって使うみそや具材《ぐざい》がちがうため、さまざまなみそ汁《しる》がある。

強いぞ！ 植物性乳酸菌《しょくぶつせいにゅうさんきん》

乳酸菌《にゅうさんきん》を使った発酵《はっこう》食品はたくさんあります。ヨーグルトは牛乳《ぎゅうにゅう》を乳酸菌《にゅうさんきん》で発酵《はっこう》させたもので、つけ物も野菜《やさい》を乳酸菌《にゅうさんきん》で発酵《はっこう》させています。人の腸《ちょう》の中にも、乳酸菌《にゅうさんきん》がいます。

乳酸菌《にゅうさんきん》には、動物性《どうぶつせい》と植物性《しょくぶつせい》があり、みそには植物性乳酸菌《しょくぶつせいにゅうさんきん》がたくさんくふくまれています。植物性乳酸菌《しょくぶつせいにゅうさんきん》は、かこくな環境《かんきょう》でもたえられる強い菌《きん》です。腸《ちょう》まで届《とど》き、おなかの調子を整えたり、病気を予防《よぼう》したりする効果《こうか》があります。ヨーグルトなどの動物性乳酸菌《どうぶつせいにゅうさんきん》は、乾燥《かんそう》や熱《ねつ》、酸《さん》などに弱く、腸《ちょう》に届《とど》く前に、胃《い》で弱ってしまいます。

最近《さいきん》は植物性乳酸菌《しょくぶつせいにゅうさんきん》が入っているヨーグルトが売られている。

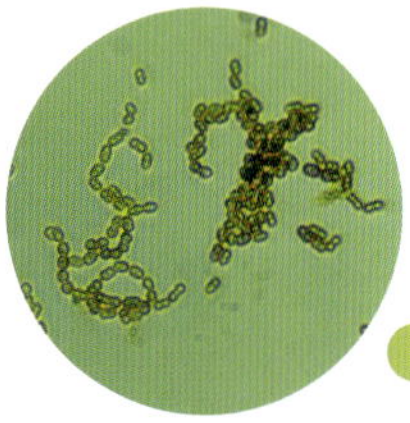
乳酸菌《にゅうさんきん》

人の腸《ちょう》には、100種類《しゅるい》もの菌《きん》がいるといわれる。そのなかで、乳酸菌《にゅうさんきん》のように人の体によい菌《きん》を「善玉菌《ぜんだまきん》」、害《がい》があるものを「悪玉菌《あくだまきん》」とよんでいる。

ご当地みそ

全国各地、その土地ごとにさまざまな種類《しゅるい》のみそがあります。原料《げんりょう》の割合《わりあい》、穀物《こくもつ》の種類《しゅるい》、熟成《じゅくせい》させる期間などに加《くわ》え、気候《きこう》のちがいも味や風味のちがいになります。

コラム

みその分類《ぶんるい》

みそには、原料《げんりょう》、味、色によって、それぞれ分類《ぶんるい》があります。原料《げんりょう》による分類《ぶんるい》は、大豆と一緒《いっしょ》に混《ま》ぜるものの、ちがいです。

原料《げんりょう》による分類《ぶんるい》：米みそ／麦みそ／豆みそ
味による分類《ぶんるい》：辛口《からくち》／甘口《あまくち》
色による分類《ぶんるい》：赤／白／淡色《たんしょく》

加賀《かが》みそ（石川）
米みそ。赤色辛口《からくち》。塩分が高くキリッとした味わい。加賀前田藩《かがまえだはん》から伝統《でんとう》を受けつぐみそ。

秋田みそ
米みそ。赤色辛口《からくち》。米どころ秋田の米と大豆を、ふんだんに使ったみそ。

北海道みそ
米みそ。赤色中辛《ちゅうから》。新潟《にいがた》・佐渡《さど》との交流があったためか、佐渡《さど》みそに近い色と味。

越後《えちご》みそ・佐渡《さど》みそ（新潟《にいがた》）
米みそ。赤色辛口《からくち》。米を丸のまま使っているので、みその中に米粒《こめつぶ》が見える。

仙台《せんだい》みそ（宮城《みやぎ》）
米みそ。赤色辛口《からくち》。伊達政宗《だてまさむね》がつくらせたみその伝統《でんとう》を受けつぐ。

御膳《ごぜん》みそ（徳島《とくしま》）
米みそ。赤色甘口《あまくち》。塩分が強いが、米の分量《ぶんりょう》が多いので甘口《あまくち》で豊《ゆた》かな味わい。

会津《あいづ》みそ（福島）
米みそ。赤色辛口《からくち》。長期熟成《じゅくせい》のみそ。

九州麦みそ
麦みそ。甘口《あまくち》。麦の割合《わりあい》が多くて熟成《じゅくせい》期間が短く、甘口《あまくち》のものが多い。

江戸甘《あま》みそ（東京）
米みそ。赤色甘口《あまくち》。米をたっぷり使っているので甘《あま》みが強く光沢《こうたく》がある。

東海豆みそ（愛知《あいち》・三重・岐阜《ぎふ》）
豆みそ。濃厚《のうこう》で少ししぶみがある。八丁みそ、名古屋みそなどとよばれる。

関西《かんさい》白みそ
米みそ。白色甘口《あまくち》。色をうすくするため、皮を取り除《のぞ》いた大豆を使用。

信州みそ（長野）
米みそ。淡色辛口《たんしょくからくち》。やや酸味《さんみ》がある。全国でつくられる40%が信州みそ。

みそができるまで

みそは、材料《ざいりょう》を混《ま》ぜてから、熟成《じゅくせい》させます。昔は１～３年ほど熟成《じゅくせい》させていましたが、現在《げんざい》では温度の管理《かんり》などにより、１～６か月ほどの、短期間熟成《じゅくせい》が多くなりました。しかし今でも、昔ながらのつくり方で３年熟成《じゅくせい》する、みそ店もあります。

米を蒸《む》す

洗《あら》って水にひたした米を蒸《む》す。

米にこうじカビをつける

蒸《む》し上がった米がさめたら、こうじカビをつけ、湿度《しつど》の高いこうじ室《むろ》に入れる。

米こうじをつくる

こうじカビをつけた米を、２日間こうじ室《むろ》でねかせ、さらに手入れをして「米こうじ」に仕上げる。

大豆を煮《に》る

よく洗《あら》った大豆を、一晩《ひとばん》水につけてもどし、大きなかまでやわらかく煮《に》る。

大豆を一晩《ひとばん》置《お》いて冷《ひ》やす

煮《に》た大豆をすりつぶし、一晩《ひとばん》置《お》いて冷《ひ》やす。このとき空気中の乳酸菌《にゅうさんきん》、酵母菌《こうぼきん》がつく。

ポイント

米こうじ

米などの穀物《こくもつ》に、「こうじカビ」をつけて発酵《はっこう》させたものが「米こうじ」で、みその原料《げんりょう》になります。こうじカビは、大豆のタンパク質《しつ》をアミノ酸《さん》と糖《とう》に分解《ぶんかい》します。アミノ酸《さん》はうま味のもとになり、糖《とう》は大豆についた乳酸菌《にゅうさんきん》と酵母菌《こうぼきん》のえさとなります。乳酸菌《にゅうさんきん》は酸味《さんみ》を、酵母菌《こうぼきん》はかおりをつくり、みその味と風味ができあがるのです。

米こうじの表面についている、フワフワと白いものがこうじカビ。

たるに仕込《しこ》む

大豆、米こうじ、塩を混《ま》ぜ合わせる。空気が入らないように、足でふみながら、みそだるにつめていく。

発酵《はっこう》・熟成《じゅくせい》させる

こうじカビ、乳酸菌《にゅうさんきん》、酵母菌《こうぼきん》などの働《はたら》きで、発酵《はっこう》・熟成《じゅくせい》が進む。たるの中の上と下のみそを入れかえたり、別のたるに移《うつ》す作業をする。熟成《じゅくせい》したら、容器《ようき》につめて出荷《しゅっか》する。

しょうゆ

うま味たっぷり 日本料理《にほんりょうり》のかなめ

しょうゆは、大豆と小麦、塩水を、こうじカビで発酵《はっこう》させた調味料《ちょうみりょう》です。みそは大豆ごと食べますが、しょうゆはしぼって液体《えきたい》にします。こうじカビのほかに、乳酸菌《にゅうさんきん》、酵母菌《こうぼきん》も発酵《はっこう》に加《くわ》わり、味が完成《かんせい》します。

しょうゆは、透明《とうめい》で赤みがかった、きれいな色をしている。すし店では、この色から「むらさき」とよばれる。

みそときょうだい？

昔、食べ物を塩づけにして保存《ほぞん》したものを、「ひしお」といいました。穀物《こくもつ》のひしおは「こくびしお」といいます。みそとしょうゆの中間のような、こくびしおは、もとから日本にあったとも、中国から伝《つた》わったともいわれます。これが分かれて、みそとしょうゆになったという説《せつ》や、みそから出る汁《しる》を利用《りよう》したのが、しょうゆのはじまり、という説《せつ》などがあります。いずれにしろ、2つのルーツは同じと考えられます。
関西《かんさい》でつくられていたしょうゆは、江戸時代になると、関東《かんとう》でもつくられるようになり、江戸っ子好《ごの》みの、濃《こ》い味のしょうゆができました。

みそから出る水分は「たまり」といい、みそとしょうゆの中間のような味がする。これが、しょうゆのはじまりとの説《せつ》もある。

しょうゆと日本料理《にほんりょうり》

にぎりずしは、しょうゆをつけて食べる。天ぷらとそばは、しょうゆでつくったつゆにつけて食べる。かば焼《や》きは、しょうゆのたれをぬってこうばしく焼《や》く。

食べ物をおいしくする

しょうゆは、さしみや照《て》り焼《や》き、煮物《にもの》、天ぷらなど、日本料理《にほんりょうり》にかかせません。
こうじカビの発酵《はっこう》により、うま味であるアミノ酸《さん》がうまれ、乳酸菌《にゅうさんきん》と酵母菌《こうぼきん》も発酵《はっこう》に加《くわ》わり、しょうゆに風味を出します。うま味をたっぷりふくんだ、しょうゆをかけると、食べ物がおいしくなります。
におい消しの役割《やくわり》もあり、魚や肉の生ぐささをやわらげます。火を通すと、かおりが引き立ち、食欲《しょくよく》を増《ま》す効果《こうか》もあります。さらに、しょうゆに、かつおぶしや昆布《こんぶ》のだしを足すと、相乗効果《そうじょうこうか》で、うま味が何倍にもなります。
雑菌《ざっきん》をよせつけない効果《こうか》もあり、しょうゆづけやしょうゆ煮《に》は食べ物が長く保存《ほぞん》できます。

しょうゆのなかま

しょうゆの基本《きほん》の分類《ぶんるい》は5種類《しゅるい》です。原料《げんりょう》の割合《わりあい》や熟成《じゅくせい》のさせ方などのちがいで、色や味、かおりがちがいます。

淡口《うすくち》しょうゆ

関西《かんさい》でつくられている。全国生産《せいさん》の13%を占《し》める。色とかおりはうすいが、塩気が強い。煮物《にもの》や吸《す》い物、うどんのつゆなどの料理《りょうり》に使われる。

白しょうゆ

おもに東海地方、特《とく》に愛知県《あいちけん》でつくられる。色はうすく、甘《あま》みがあり、やわらかい味。煮物《にもの》、うどんのつゆ、吸《す》い物、茶わん蒸《む》しなどの料理《りょうり》に使われる。

濃口《こいくち》しょうゆ

もとは関東《かんとう》を中心につくられていたが、現在《げんざい》ではしょうゆの全国生産《せいさん》80%以上《いじょう》を占《し》める、最《もっと》も一般的《いっぱんてき》なしょうゆ。バランスのよい味で、どんな食べ物、料理《りょうり》にも合う万能《ばんのう》しょうゆ。

たまりしょうゆ

おもに中部地方でつくられている。原料《げんりょう》のほとんどが大豆。とろみがあり濃《こ》い味で、独特《どくとく》のかおりがある。すしやさしみによく合う。

再仕込《さいしこ》みしょうゆ

おもに山陰《さんいん》から九州地方にかけてつくられる。塩水のかわりにしょうゆを使い、再《ふたた》び発酵《はっこう》させるので「再仕込《さいしこ》み」という。色、味、かおりとも濃《こ》い。

コラム

魚のしょうゆ

しょうゆのもとになったといわれる「ひしお」には、穀物《こくもつ》でつくった「こくびしお」のほかにも、野菜《やさい》、魚、肉など、いろいろな材《ざい》料《りょう》でつくられたものがありました。今でも、魚でつくったしょうゆ「魚醤《ぎょしょう》」が、日本をふくめたアジアの国にあります。日本の代表的《だいひょうてき》な魚醤《ぎょしょう》は、ハタハタが原料《げんりょう》の「しょっつる」や、イワシやサバが原料《げんりょう》の「いしる」があります。ほかの国では、タイのナンプラー、ベトナムのニョクマムなどが有名です。

しょっつる
秋田でつくられており、ハタハタなどが原料《げんりょう》。なべ料理《りょうり》の味つけに使う。

ナンプラー
タイの魚醤《ぎょしょう》。カタクチイワシなどが原《げん》料《りょう》。いため物やサラダの味つけに使う。

しょうゆができるまで

しょうゆは、材料《ざいりょう》もつくり方もみそと似《に》ていますが、塩ではなく、塩水を入れることにより、液体《えきたい》になります。現在《げんざい》は、半年ほど熟成《じゅくせい》させたものが主流ですが、1～3年ねかせたしょうゆもあります。

大豆を蒸《む》す

大豆を洗《あら》って一晩《ひとばん》水につけてもどし、蒸《む》し煮《に》にして、やわらかくする。

小麦を炒《い》る

発酵《はっこう》しやすくなるように、小麦を炒《い》ってくだく。

混《ま》ぜ合わせる

蒸《む》した大豆と炒《い》った小麦、こうじカビを、よく混《ま》ぜ合わせる。

しょうゆこうじをつくる

混《ま》ぜ合わせたものを、こうじ室《むろ》に入れて広げる。3日ほどねかせて手入れをし、「しょうゆこうじ」をつくる。

もろみをつくる

しょうゆこうじができたら、塩水を混《ま》ぜてたるに仕込《しこ》む。これを「もろみ」という。もろみをねかせる。

ポイント

しょうゆこうじ

大豆と小麦を混《ま》ぜたものに、こうじカビをつけて発酵《はっこう》させたものが「しょうゆこうじ」で、しょうゆの原料《げんりょう》になります。しょうゆをつくるための、こうじカビは、「しょうゆこうじカビ」とよばれます。

こうじカビが大豆と小麦をおおって、緑色になる。

発酵《はっこう》・熟成《じゅくせい》させる

もろみは毎日かき混《ま》ぜる。大豆についていた乳酸菌《にゅうさんきん》、酵母《こうぼ》菌《きん》が増《ふ》えて、発酵《はっこう》・熟成《じゅくせい》が進む。

しぼって火入れ

熟成《じゅくせい》したもろみを布《ぬの》ぶくろに入れ、機械《きかい》でしょうゆをしぼり、加熱《かねつ》して発酵《はっこう》を止める。火入れにより、色やかおりもよくなる。

びんづめ・出荷《しゅっか》

しょうゆがさめたら、びんにつめて、スーパーなどの店に出荷《しゅっか》する。

すがたをかえる食べ物①

大豆は、さまざまにすがたをかえますが、そのほかにも、すがたをかえる食べ物があります。世界三大穀物《こくもつ》の米、小麦、トウモロコシは、世界中で利用《りよう》されています。

米のすがたいろいろ

日本人の主食として食べられてきた米は、おかしから調味料《ちょうみりょう》まで、いろいろな食べ物に加工《かこう》されています。

もち米

ひく

米粉《こめこ》（白玉粉《しらたまこ》）

もち米をひいて水にさらし、粉《こな》にしたもの。

こねる

白玉団子《だんご》

白玉粉《しらたまこ》を水でこねて丸め、ゆでた和がし。あんこやたれなどをかけて食べる。

たく
蒸《む》す

おこわ

もち米に具を入れて、たいたり蒸《む》したりしたもの。栗《くり》おこわ、山菜《さんさい》おこわ、小豆《あずき》を入れた赤飯《せきはん》などがある。

つく

もち

もち米を蒸《む》してついたもの。あんこ、きな粉《こ》などをかけたり、しょうゆをつけたりなどして食べる。

あげる
焼《や》く

せんべい

もちを乾燥《かんそう》させて、焼《や》いたりあげたりする。小さく切って焼《や》いたものはおかき、さらに小さいものは、あられとよぶ。

うるち米

ひく

米粉《こめこ》

うるち米をひいて粉《こな》にしたもの。

こねる

せんべい

米粉《こめこ》をお湯でこねたものを、乾《かん》燥《そう》させて焼《や》いたりあげたりする。せんべいは、もち米でも、うるち米でもつくられる。

団子《だんご》

米粉《こめこ》をお湯でこねて丸め、蒸《む》したりゆでたりしたもの。あんこやたれをまぶす。

たく

ごはん

うるち米を炊飯器《すいはんき》やなべでたいたものが、ふだん主食として食べている白いごはん。

つぶす

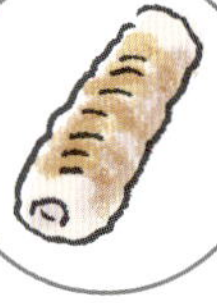

きりたんぽ

ごはんをつぶし、ぼうに巻《ま》きつけてあぶったもの。秋田の郷土料理《きょうどりょうり》。

発酵《はっこう》させる

日本酒

蒸《む》した米と水を、こうじカビと酵母菌《こうぼきん》で発酵《はっこう》させた酒。

酢《す》

日本酒に酢酸菌《さくさんきん》を加《くわ》えて発酵《はっこう》させると、すっぱい酢《す》になる。

麦のすがたいろいろ

小麦と大麦があり、小麦からつくられる小麦粉《こむぎこ》は身近なものです。小麦粉《こむぎこ》でつくるめん類《るい》は、世界各国にあります。

小麦

ひく

小麦粉《こむぎこ》

小麦をひいて粉《こな》にしたもの。

こねて焼《や》く

焼きがし

小麦粉《こむぎこ》に卵《たまご》やバター、砂糖《さとう》などを入れて混《ま》ぜ、焼《や》いたおかし。クッキーやケーキなどがある。

パン

小麦粉《こむぎこ》を水などでこね、酵母菌《こうぼきん》で発《はっ》酵《こう》させて焼《や》く。

こねてのばす

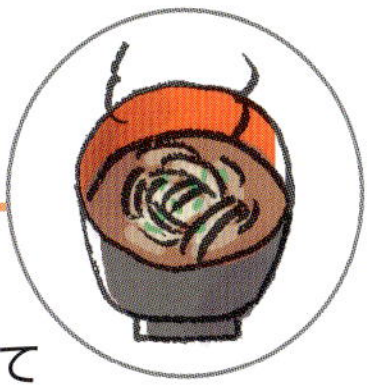

うどん

小麦粉《こむぎこ》を水でこねてのばし、細長く切った日本のめん。

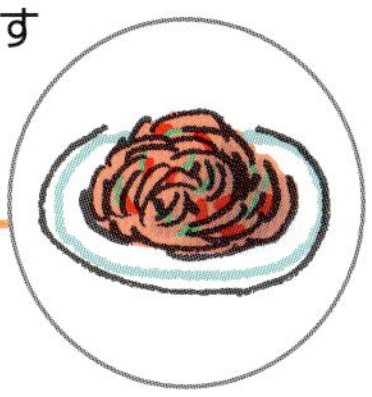

スパゲッティ

デュラム小麦の小麦粉《こむぎこ》を水でこねてのばし、細長く切ったイタリアのめん。

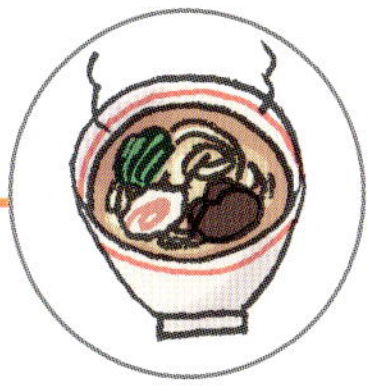

中華《ちゅうか》めん

小麦粉《こむぎこ》と水に「かん水」という液体《えきたい》を入れてこねてのばし、細長く切った中国のめん。

大麦

ビール

大麦を酵母菌《こうぼきん》などで発酵《はっこう》させた酒。

発酵《はっこう》

炒《い》る

麦茶

大麦を炒《い》ったものをお湯で煮出《にだ》したお茶。

ひく

はったい粉《こ》

大麦を炒《い》ってひいた粉《こな》。砂糖《さとう》を混《ま》ぜてお湯で練って食べる。

おしつぶす

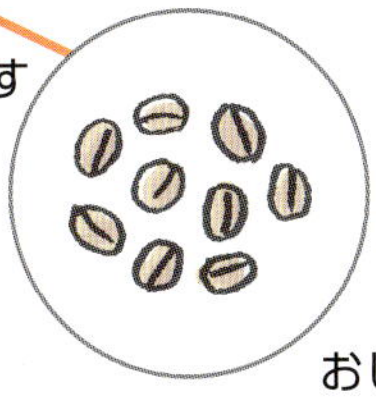

おし麦

精米《せいまい》した大麦をおしつぶしたもの。米に混《ま》ぜてたく。

トウモロコシのすがたいろいろ

日本では野菜《やさい》として食べますが、主食として食べる国もあります。そのまま食べるスイートコーン、加工用《かこうよう》のデントコーン、おかしに使うポップコーンなどがあります。

スイートコーン

ゆでる

ゆでとうもろこし

スイートコーンはゆでたり焼《や》いたりして食べる。

ポップコーン

炒《い》る

ポップコーン

乾燥《かんそう》させて炒《い》ると、はじけて、おかしのポップコーンになる。

デントコーン

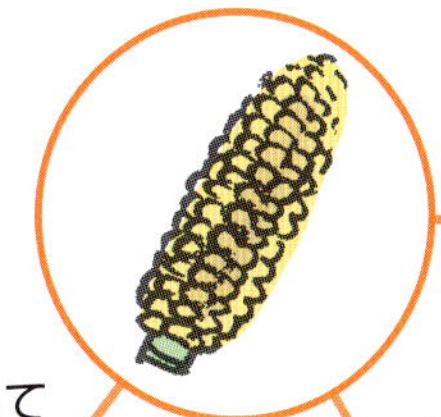

しぼる

コーン油

トウモロコシをしぼった油。

つぶして焼《や》く

コーンフレーク

トウモロコシをつぶして焼《や》く。牛乳《ぎゅうにゅう》などをかけて食べる。

ひく

トウモロコシ粉《こ》

トウモロコシをひいて粉《こな》にしたもの。

こねて焼《や》く

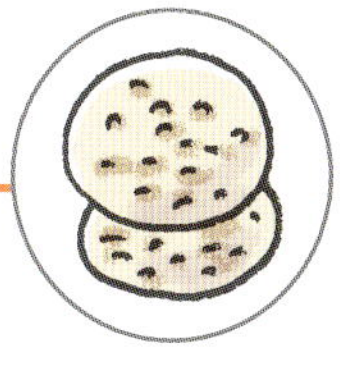

トルティーヤ

トウモロコシ粉《こ》からつくるメキシコのうすいパン。

すがたをかえる食べ物②

世界中で利用《りよう》されている牛乳《ぎゅうにゅう》には、さまざまな加工品《かこうひん》があります。また、昔から魚をよく食べる日本では、魚介《ぎょかい》の加工品《かこうひん》が多く、さらに、沖縄県《おきなわけん》などで栽培《さいばい》されるサトウキビは、食卓《しょくたく》にかかせない調味料《ちょうみりょう》にすがたをかえます。

牛乳《ぎゅうにゅう》のすがたいろいろ

牛乳《ぎゅうにゅう》はウシの乳《ちち》です。明治時代《めいじじだい》から日本での牛乳《ぎゅうにゅう》の生産《せいさん》が本格的《ほんかくてき》になり、海外から入ってきた乳製品《にゅうせいひん》もつくられるようになりました。

アイスクリーム
牛乳《ぎゅうにゅう》や乳製品《にゅうせいひん》に甘《あま》みなどを加《くわ》え、空気をふくませながらこおらせたもの。

こおらせる

乳飲料《にゅういんりょう》
牛乳《ぎゅうにゅう》に甘《あま》みや香料《こうりょう》を加《くわ》えた飲み物。

甘《あま》みを加《くわ》える

乳酸菌飲料《にゅうさんきんいんりょう》
ヨーグルトなどの発酵乳《はっこうにゅう》に甘《あま》みや香《こう》料《りょう》を加《くわ》えた飲み物。

発酵乳《はっこうにゅう》を加工《かこう》

煮《に》つめる

練乳《れんにゅう》
牛乳《ぎゅうにゅう》に甘《あま》みを加《くわ》えて煮《に》つめ、とろみのある状態《じょうたい》にしたもの。くだものなどにかけて食べる。

牛乳《ぎゅうにゅう》

発酵《はっこう》

ヨーグルト
牛乳《ぎゅうにゅう》を乳酸菌《にゅうさんきん》で発酵《はっこう》させた発酵乳《はっこうにゅう》。そのままのもののほかに、さらりとした飲むタイプや、こおらせたフローズンヨーグルトなどがある。

乾燥《かんそう》

粉乳《ふんにゅう》
牛乳《ぎゅうにゅう》を乾燥《かんそう》させて粉《こな》にしたもの。赤ちゃんが飲む粉《こな》ミルクや、おかしの材料《ざいりょう》になるスキムミルクなどがある。

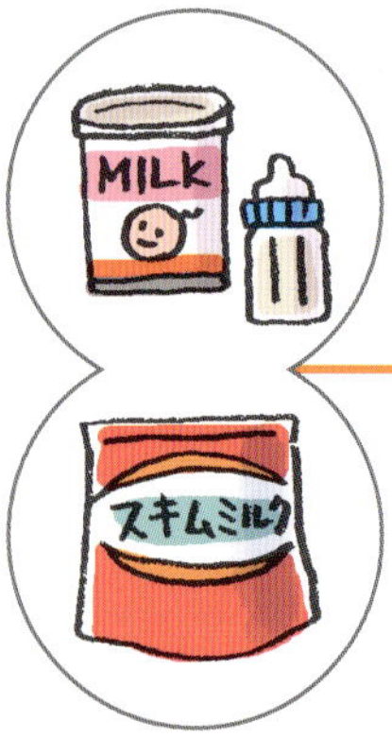

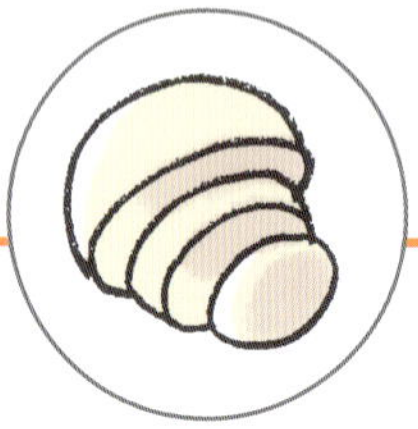

熟成《じゅくせい》

フレッシュチーズ
牛乳《ぎゅうにゅう》を乳酸菌《にゅうさんきん》や凝固剤《ぎょうこざい》で固めて水分をぬいたチーズ。カッテージチーズ、マスカルポーネなどがある。

熟成《じゅくせい》チーズ
カビや乳酸菌《にゅうさんきん》で発酵《はっこう》させ、ねかせて熟成《じゅくせい》させたチーズ。カマンベール、ゴルゴンゾーラなどがある。

脂肪分《しぼうぶん》を取り出す

脂肪分《しぼうぶん》を取り出す

発酵《はっこう》

クリーム
しぼりたての牛乳《ぎゅうにゅう》は上に脂肪分《しぼうぶん》がうく。脂肪分《しぼうぶん》を集めたものがクリーム。

バター
クリームから、さらに脂分《あぶらぶん》を取り出したもの。

発酵《はっこう》バター
乳酸菌《にゅうさんきん》で発酵《はっこう》させたバター。独特《どくとく》のにおいがある。

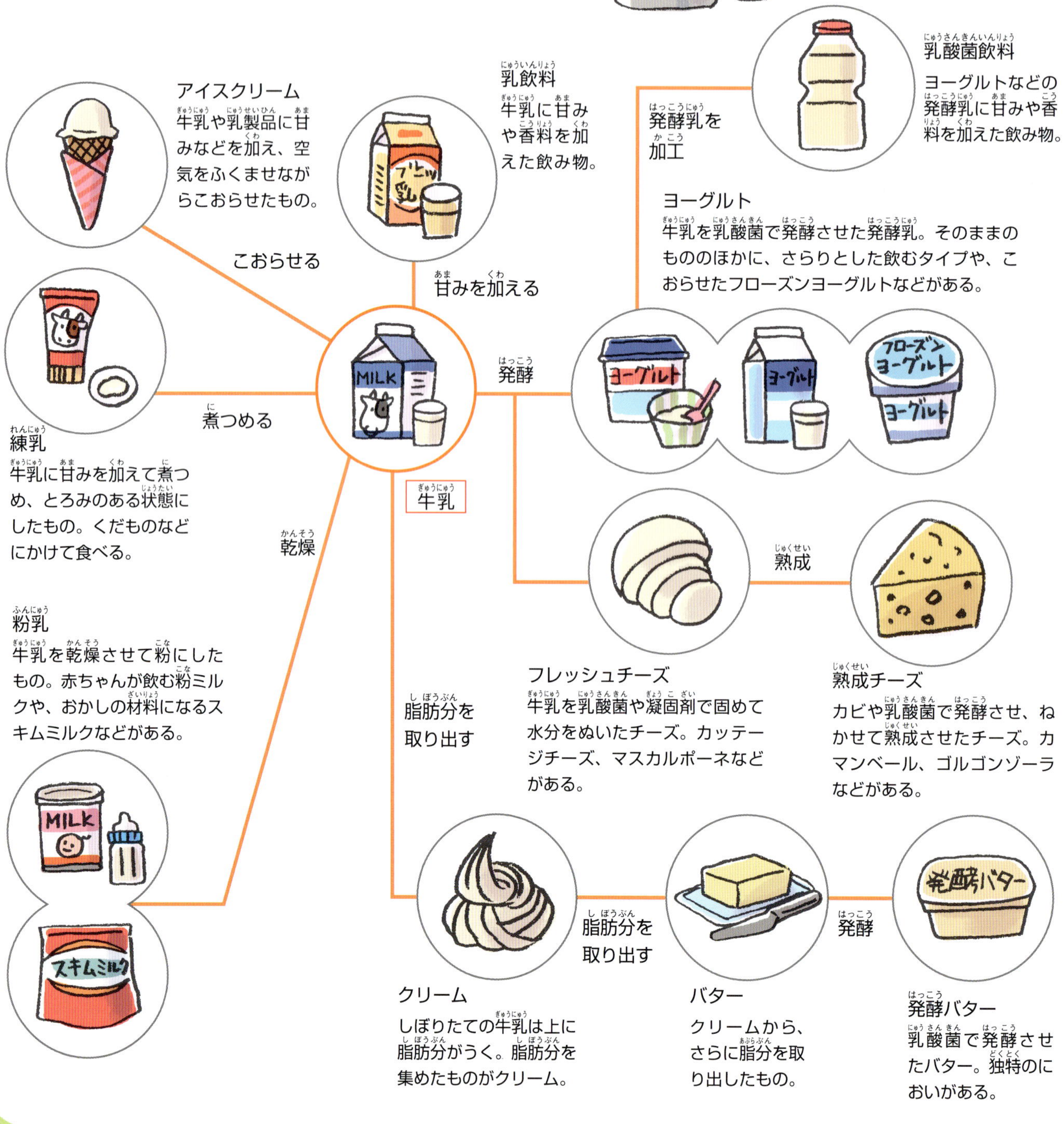

魚のすがたいろいろ

魚はそのままだといたみが早いですが、加工《かこう》することで保存《ほぞん》がきくようになります。また、すり身などにすることで、魚が食べやすくなります。

魚

魚卵《ぎょらん》

魚の卵《たまご》を塩づけやしょうゆづけにしたり、干《ほ》したりして食べる。イクラ、たらこ、数の子などがある。

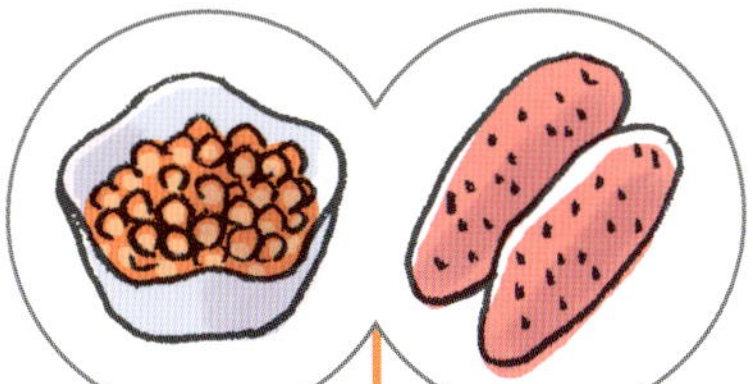

卵《たまご》の加工《かこう》

つくだ煮《に》

魚介《ぎょかい》をしょうゆや砂《さ》糖《とう》で甘辛《あまから》く煮《に》つけた煮物《にもの》。保存《ほぞん》がきく。

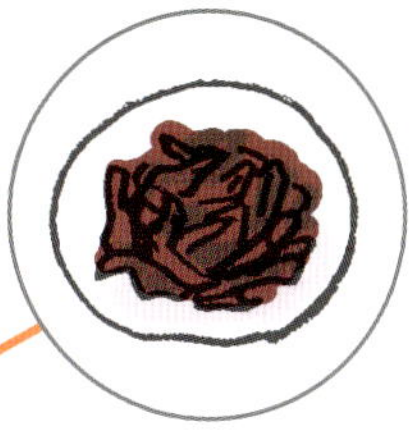

煮《に》つめる

塩辛《しおから》

魚介《ぎょかい》を塩づけにして発酵《はっこう》させたもの。カツオ、イカなど、さまざまな塩辛《しおから》がある。

塩づけ・発酵《はっこう》

熟成《じゅくせい》

魚醤《ぎょしょう》

魚を塩と一緒《いっしょ》につけて発酵《はっこう》、熟《じゅく》成《せい》させた調味料《ちょうみりょう》。魚のしょうゆ。

いぶす・発酵《はっこう》

かつおぶし

煮《に》たカツオをいぶして乾《かわ》かし、表面にカビをつけて発《はっ》酵《こう》させたもの。だしなどに使う。

干《ほ》す

干物《ひもの》

魚介《ぎょかい》を干《ほ》して水分をぬいたもの。味をつけて干《ほ》したみりん干《ぼ》しや、煮《に》てから干《ほ》した煮干《にぼ》しなどがある。

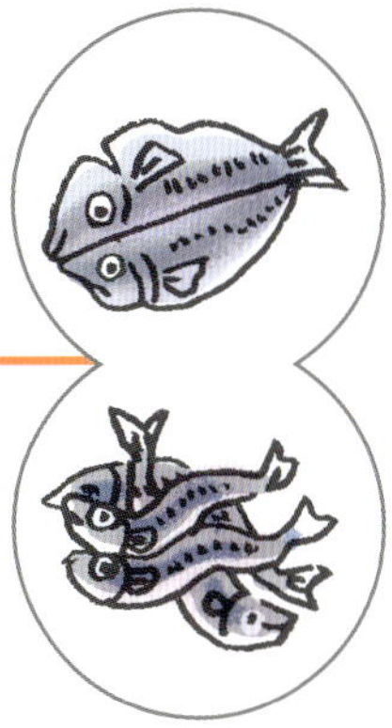

すりつぶす

練り物

魚の身をすりつぶして練り、蒸《む》したり焼《や》いたり、あげたりしたもの。かまぼこ、ちくわ、さつまあげなどがある。

サトウキビのすがたいろいろ

サトウキビはイネ科の植物で、日本では沖縄県《おきなわけん》など南の地域《ちいき》で栽培《さいばい》されています。くきにふくまれる甘《あま》い汁《しる》が砂《さ》糖《とう》の原料《げんりょう》になります。

サトウキビ

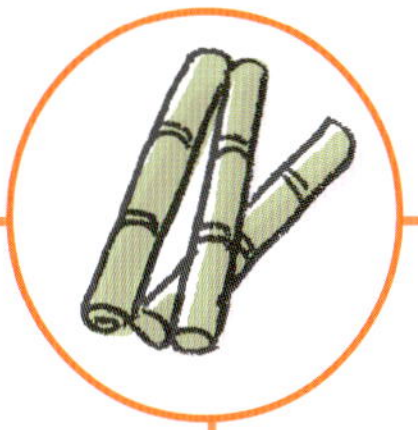

汁《しる》をしぼる

サトウキビジュース

サトウキビをしぼったそのままのジュース。

発酵《はっこう》

ラム酒

サトウキビの汁《しる》を発酵《はっこう》させるとラム酒という酒になる。

汁《しる》を煮《に》つめる

砂糖《さとう》

サトウキビの汁《しる》を煮《に》つめると砂糖《さとう》になる。黒砂糖《くろざとう》は、煮《に》つめたそのままの色。白い砂糖《さとう》は、そこから糖蜜《とうみつ》を取り除《のぞ》いたもの。

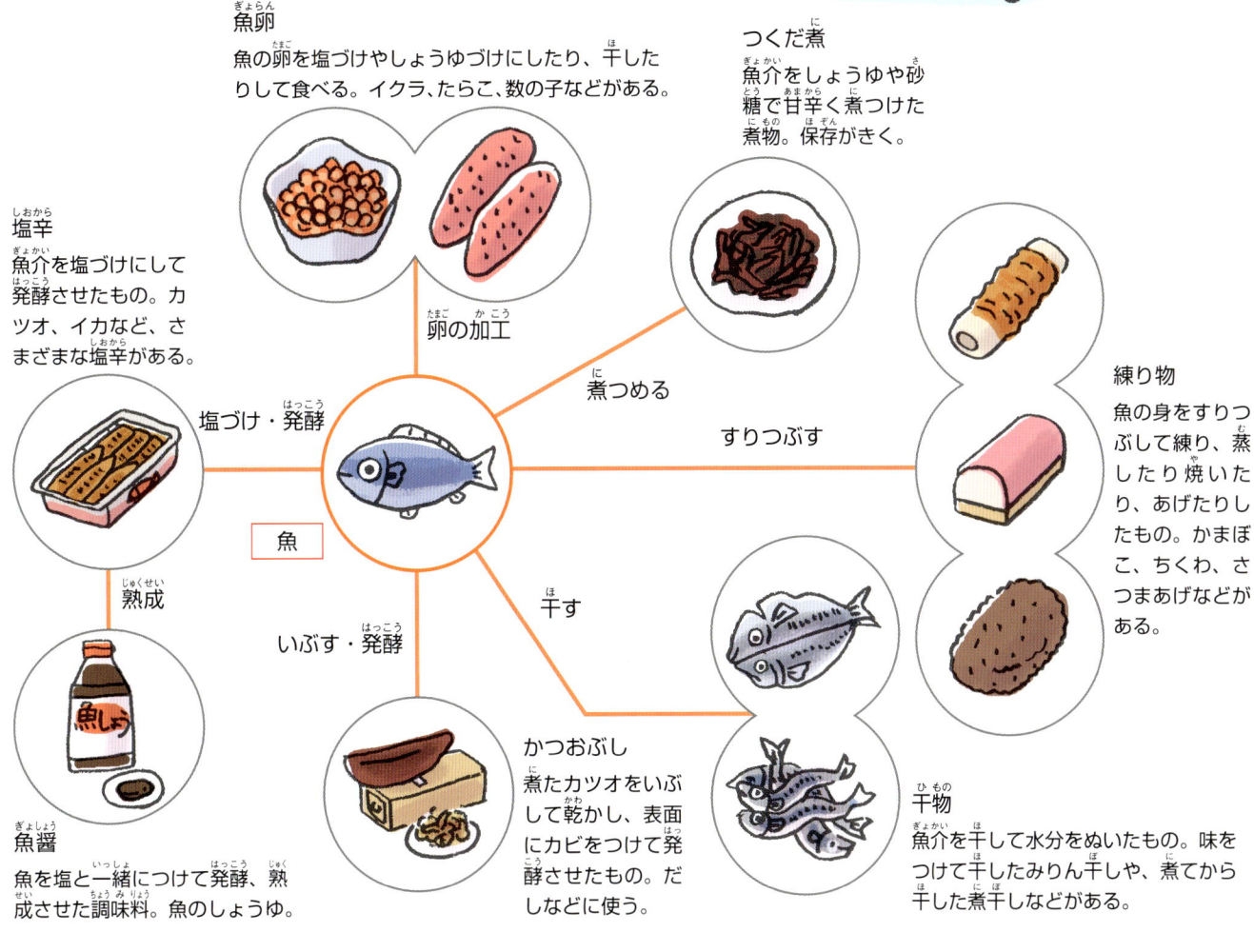

発酵《はっこう》で大変身《だいへんしん》

納豆《なっとう》、みそ、しょうゆなどは、発酵《はっこう》により、すがたがかわった大豆です。微生物《びせいぶつ》の力で発酵《はっこう》すると、味や風味、栄養素《えいようそ》がかわり、もとの食べ物から大変身《だいへんしん》します。

発酵《はっこう》ってなんだろう？

食べ物を何日も置《お》いておくと、もとのにおいとはちがうにおいがしたり、カビが生えたりすることがありますね。これは、食べ物にカビや菌《きん》などの微生物《びせいぶつ》がついたためです。
微生物《びせいぶつ》は、分解《ぶんかい》して取り入れた食べ物をエネルギーにして、増《ふ》えていきます。そのときに、さまざまな物質《ぶっしつ》を出し、食べ物を変化《へんか》させます。いやなにおいがしたり、くさったりする変化《へんか》を「腐敗《ふはい》」といい、反対においしさが増《ま》したり、体によいものになったりする変化《へんか》を「発酵《はっこう》」といいます。
同じ微生物《びせいぶつ》による変化《へんか》ですが、人にわるいものか、よいものかで、よび方がかわります。

微生物《びせいぶつ》が大活躍《だいかつやく》

湿度《しつど》の高い日本の気候《きこう》は、微生物《びせいぶつ》にとってすみやすく、世界でも有数のカビの多い地域《ちいき》です。カビのなかでも、特《とく》にこうじカビが、日本で昔から発酵《はっこう》に使われてきました。大豆の加工品《かこうひん》であるみそやしょうゆ、そして日本酒やかつおぶしも、こうじカビが使われています。
発酵《はっこう》は１種類《しゅるい》の微生物《びせいぶつ》だけではなく、何種類《なんしゅるい》も関《かか》わっていることがあります。みそやしょうゆは、こうじカビだけでなく、乳酸菌《にゅうさんきん》や酵《こう》母菌《ぼきん》など、いくつもの微生物《びせいぶつ》による発酵《はっこう》で、独特《どくとく》の風味や体によい成分《せいぶん》が生まれます。
いろいろな微生物《びせいぶつ》が発酵《はっこう》に役立ち、それぞれが出す物質《ぶっしつ》で、発酵《はっこう》のしかたがちがいます。

微生物《びせいぶつ》と発酵《はっこう》いろいろ

酵母菌《こうぼきん》

糖《とう》を食べて、二《に》酸化炭素《さんかたんそ》やアルコールを出す。

小麦粉《こむぎこ》の糖《とう》が二酸《にさん》化炭素《かたんそ》にかわり、パン生地に気泡《きほう》が入って、ふっくらとする。

ブドウ果汁《かじゅう》の糖《とう》がアルコールにかわり、ワインになる。

乳酸菌《にゅうさんきん》

糖《とう》を食べて、乳《にゅう》酸《さん》を出す。

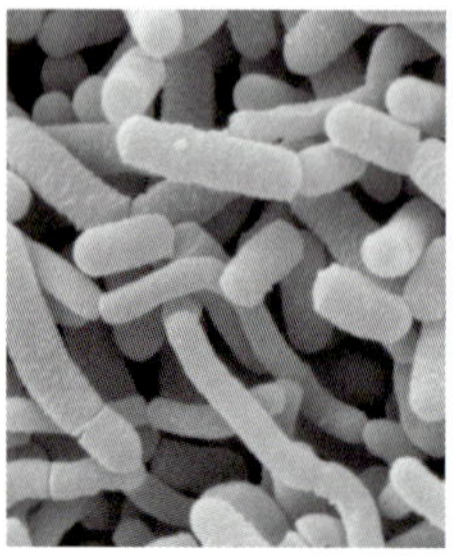

牛乳《ぎゅうにゅう》の糖《とう》が乳酸《にゅうさん》にかわり、酸味《さんみ》のあるヨーグルトやチーズになる。

野菜《やさい》をつける「ぬか」の糖《とう》が乳酸《にゅうさん》にかわり、生野菜《なまやさい》がぬかづけになる。

こうじカビ

タンパク質《しつ》やでんぷんを食べて、アミノ酸《さん》（うま味）や糖《とう》を出す。

大豆のタンパク質《しつ》と穀物《こくもつ》のでんぷんから、うま味や風味がうまれて、みそになる。

米のでんぷんが糖《とう》にかわり、糖《とう》を酵《こう》母菌《ぼきん》が食べてアルコールを出し日本酒になる。

第3章《しょう》

育ててみよう・食べてみよう

さまざまに加工《かこう》されて、すがたをかえる大豆の、
本来のすがたはどんなものでしょうか。
大豆が一体どんな植物なのか、自分たちで育てて観察《かんさつ》し、
そして収穫《しゅうかく》した大豆を食べてみましょう。

大豆を育てよう

1粒《つぶ》の種子《しゅし》から、たくさんの大豆がなるまでを、実際《じっさい》に育てて見てみましょう。広い畑がなくても、プランターで育てることができます。5～6月が種子《しゅし》のまきどきです。順調《じゅんちょう》に育てば、9～10月ごろに収穫《しゅうかく》できます。

用意するもの

（ホームセンターや園芸店《えんげいてん》で売っています）

大豆の種子《しゅし》

プランター
（幅《はば》65cm以上《いじょう》、深さ20cm以上《いじょう》で、底《そこ》があみ目状《めじょう》になっているもの）

液体肥料《えきたいひりょう》

じょうろ

野菜用《やさいよう》ばいよう土
（肥料入《ひりょうい》りのもの）

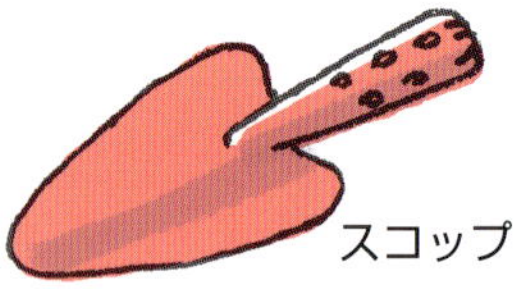

スコップ

不織布《ふしょくふ》

身につけるもの

ぼうし（日よけ）

手ぶくろ（手を保護《ほご》する）

種子《しゅし》のまき方

ばいよう土を、プランターのふちから2～3cm下まで入れる。コップの底《そこ》などを土におしつけて、深さ2cmほどの丸いあなをつくる。あなとあなの間は15cmはなす。

1

あなの中に、種子《しゅし》を3～4粒《つぶ》ずつ、少しはなしてまく。あなに土をかぶせ、軽く手でポンポンとおさえて、水をたっぷりとやる。(写真は黒大豆の種子《しゅし》です)

2

家のまわりや庭に、鳥が多い場合は、不織布《ふしょくふ》を上からかける。不織布《ふしょくふ》は水と光を通すので、成長《せいちょう》のさまたげにならない。

3

水やり

芽《め》が出るまでは、毎日、朝と夕方の2回水をやる。芽《め》が出てからは、1日1回、朝に水をやる。水やりの目安は、プランターの下から水がしみ出すくらい。

肥料《ひりょう》やり

芽《め》が出たあと、さらに葉が出てきたら、1か月に1回、液体肥料《えきたいひりょう》をやる。容器《ようき》に記《しる》してある説明《せつめい》の通りに水でうすめ、水やりのかわりにやろう。

成長《せいちょう》①

芽《め》が出て
子葉《しよう》が開いた

大豆は、種子《しゅし》をまいてから４～５日で芽《め》が出て、子葉《しよう》が少しずつ開いていきます。ぷっくりと厚《あつ》い２枚《まい》の子葉《しよう》には、成長《せいちょう》して葉を出すための、養分《ようぶん》がふくまれています。

芽《め》の成長《せいちょう》

まいたばかりの種子《しゅし》は休眠《きゅうみん》している。土中の水分を吸《す》ってふくらむと、成長《せいちょう》をはじめる。

はじめに、根が下に向かってのびる。根を支《ささ》えにして、次にじくが上に向かってのびる。

たねまきから４～５日ほどで地上に芽《め》が出た。根は下に長くのびている。

水を吸《す》ってふくらむ種子《しゅし》

土には、植物の成長《せいちょう》に必要《ひつよう》な空気、水、養《よう》分《ぶん》がふくまれています。休眠《きゅうみん》していた種子《しゅし》は、土の中の水分を吸《す》うと目をさまし、ふくらんで根や芽《め》を出す準備《じゅんび》をはじめます。そして、ちょうどよい暖《あたた》かさになると、芽《め》を出します。種子《しゅし》が芽《め》を出すときには、さかんに呼吸《こきゅう》をするので、空気がたくさん必《ひつ》要《よう》です。よく耕《たがや》した、ふかふかとした土だと、土と土の間に水分と空気がたっぷりと入るので、芽《め》が出やすくなります。

水を吸《す》う前の種子《しゅし》。

水を吸《す》った種子《しゅし》。最大《さいだい》で約《やく》２倍にふくらむ。

はじめに根が出る

種子《しゅし》は、自分の養分《ようぶん》で出した根を、下へのばしながら、土から水分と養分《ようぶん》を吸収《きゅうしゅう》します。根には、下方向や水分の多いほうへ向かって、のびる性質《せいしつ》があります。
根がのびると、今度はじくが地上に向かってのびます。根とは反対に、じくは上方向にのびる性質《せいしつ》があるのです。

じくがのびて、子葉《しよう》の間に最初《さいしょ》の葉が見える。根はさらにのび、細い根も生えてきた。

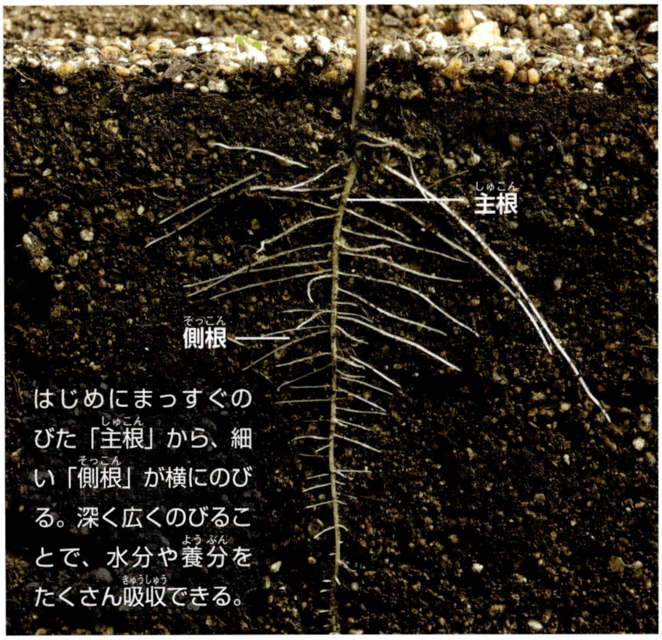

はじめにまっすぐのびた「主根《しゅこん》」から、細い「側根《そっこん》」が横にのびる。深く広くのびることで、水分や養分《ようぶん》をたくさん吸収《きゅうしゅう》できる。

育て方のコツ

鳥に注意

種子《しゅし》のまき方（→ 49 ページ）で、プランターに不織布《ふしょくふ》をかけたのは、種子《しゅし》や芽《め》を鳥から守るためです。鳥は、養分《ようぶん》たっぷりの種子《しゅし》や芽《め》が大好《だいす》きで、まいた種子《しゅし》を食べてしまうことがあります。特《とく》にプランターを置《お》いてある場所のまわりに、鳥が多い場合は、葉が２～３枚《まい》になるまで、不織布《ふしょくふ》をかけておいたほうがよいでしょう。

厚《あつ》い子葉《しよう》

豆類《まめるい》の種子《しゅし》の中身は、ほとんどが子葉《しよう》です。厚《あつ》い子葉《しよう》には、種子《しゅし》のときからたくわえられている、養分《ようぶん》があります。
芽生《めば》えからしばらくは、子葉《しよう》の養分《ようぶん》と、根から吸収《きゅうしゅう》する養分《ようぶん》や水分で、くきや葉が育ちます。しかし、葉が何枚《なんまい》か出てくると、今度は葉で養分《ようぶん》がつくられるようになり、子葉《しよう》は役目をおえます。そして、養分《ようぶん》を使い果《は》たした子葉《しよう》は、少しずつしぼんでいき、やがて、枯《か》れて黄色くなります。

子葉《しよう》の次に出てきた葉の枝《えだ》を切り落とした。すると、子葉《しよう》にたっぷりふくまれた養分《ようぶん》で、また新しい枝《えだ》と葉が出てきた。

成長《せいちょう》②

葉が出て花が咲《さ》いた

葉は、子葉《しよう》の間から、くきと一緒《いっしょ》にのびてきます。大豆は、最初《さいしょ》に出る葉と、その次から出る葉とでは、形やつき方がちがいます。葉がたくさん茂《しげ》ると、次は花が咲《さ》きはじめます。

形がちがう葉

大豆の、子葉《しよう》の間から出る葉を「初生葉《しょせいよう》」といい、2枚《まい》が向かい合って開きます。初生葉《しょせいよう》が養分《ようぶん》をつくって、成長《せいちょう》がさかんになります。

初生葉《しょせいよう》のあとに出る葉は「複葉《ふくよう》」といい、初生葉《しょせいよう》とはちがう形の葉です。複葉《ふくよう》は、1枚《まい》の葉のところどころに、深い切れこみができて、3～5枚《まい》に分かれたものです。

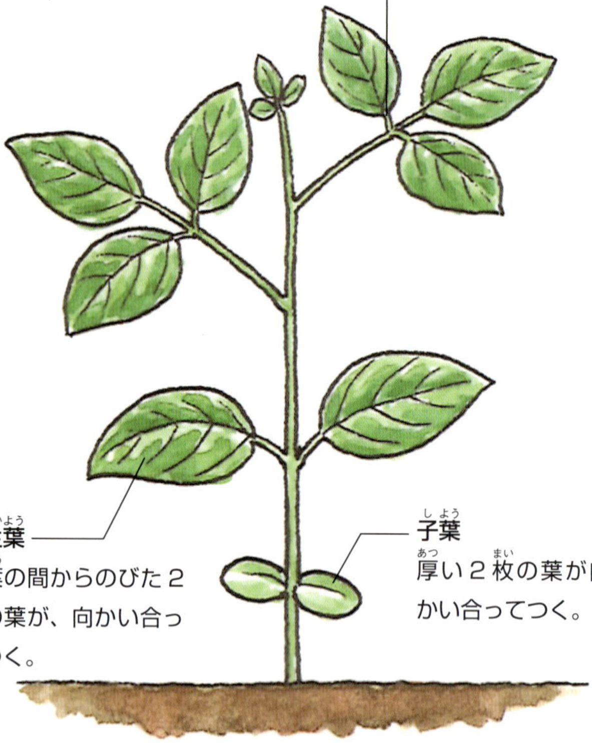

初生葉《しょせいよう》の次からは3～5枚《まい》で1組の葉が、たがいちがいにつく。

子葉《しよう》の間からのびた2枚《まい》の葉が、向かい合ってつく。

葉の成長《せいちょう》

種子《しゅし》をまいてから10日ほどで、子葉《しよう》の間から、くきと一緒《いっしょ》にのびた初生葉《しょせいよう》が開く。初生葉《しょせいよう》の間には、次の葉のつぼみがついている。

種子《しゅし》をまいてから17～18日ほどで、3枚《まい》1組の複葉《ふくよう》が出る。初生葉《しょせいよう》は向かい合っているが、複葉《ふくよう》はたがいちがいに出る。

気温が上がるとともに、さかんに枝《えだ》分《わ》かれし、葉が増《ふ》えて茂《しげ》る。葉とくきとをつなぐ、長い柄《え》のつけ根に、花のつぼみがつく。

葉の運動

大豆の葉は、天気や時間によって、動いたり、角度をかえたりします。昼間は、葉の広い面を上に向け、葉に日光をたくさん当てて、養分《ようぶん》をつくります。しかし、太陽がしずむ夜は、葉が眠《ねむ》ったように下を向いて閉《と》じます。これを「就《しゅう》眠運動《みんうんどう》」といいます。また、大豆は暑《あつ》さにあまり強くありません。日射《ひざ》しが強いときは、葉の広い面に日光が当たりすぎないように、なるべく葉を立ち上げて、暑《あつ》くなるのを防《ふせ》いでいます。

晴れて日射《ひざ》しの強いときは、葉の広い面になるべく日光が当たらないように、葉が立ち上がる。

くもっているとき、それほど暑《あつ》くないときは、日光が葉の広い面に当たるように広がる。

花はチョウの形

マメ科の植物の花は、チョウが羽を広げたような、特徴的《とくちょうてき》な形をしています。1枚《まい》の大きな花びらの真ん中に、2枚《まい》の中くらいの花びらが左右対称《さゆうたいしょう》につき、さらにその真ん中に、2枚《まい》の小さな花びらがつきます。花の根元には、先が5つに分かれた「がく」がついています。めしべとおしべは、小さな花びらのおくに、かくれるようにあります。おしべの花粉《かふん》がめしべにつくと、受粉《じゅふん》して実ができます。

花のつくり

旗弁《きべん》
大きな花びら。

翼弁《よくべん》
中くらいの花びら2枚。

めしべとおしべ。

竜骨弁《りゅうこつべん》
小さな花びら2枚。

花の色は、白、うすピンク、うすむらさきなど、大豆の品種《ひんしゅ》によってちがう。

種子《しゅし》をまいてから50日～60日ほどで、直径《ちょっけい》3～4mmの花がたくさん咲《さ》く。花は小さく、茂《しげ》った葉にうもれてあまり見えない。

育て方のコツ

間引き

葉が2～3枚《まい》出てきたら、1か所につき1本か2本の株《かぶ》を残《のこ》して、あとは取り除《のぞ》きましょう。株《かぶ》が混《こ》みすぎていると、あまり大きくなれません。くきや葉がしっかりして、じょうぶそうなものを選《えら》んで残《のこ》すようにしましょう。

あなの中に種子《しゅし》を3～4粒《つぶ》まいたうち、1～2本を残《のこ》して、はさみで切り取るか手で引きぬく。

成長《せいちょう》③

実がふくらんできた

花が咲《さ》いたあと、今度は実ができます。マメ科の植物の実は、さやの中に種子《しゅし》（豆）が入っています。花がしぼむとさやが育ち、中の豆がふくらみはじめます。

実の成長《せいちょう》

大豆の花は咲《さ》いてから２時間ほどでしぼむ。たくさん花が咲《さ》くなかで、無事《ぶじ》に大きな実に成長《せいちょう》するのは、全体の 30%ほど。

花が咲《さ》いてから４～５日たつと、花がついていたところから実が出てくる。さやには、毛がたくさん生えている。

花が咲《さ》いてから 10 日ほどたつと、さやが大きく育ってくる。しかし、まだ中の豆はふくらまず平らなまま。

すぐにしぼむ目立たない花

虫や風によって、花から花へと花粉《かふん》が運ばれ受粉《じゅふん》する植物は、虫に見つけてもらうため、目立つ色や形の花を、長い間咲《さ》かせます。ところが、大豆の花は目立たずに、短い時間でしぼみます。なぜなら、受粉《じゅふん》するのに、虫の助けがいらないからです。大豆の花は、つぼみの中でめしべに花粉《かふん》がつき、咲《さ》くころには、すでに受粉《じゅふん》しているのです。受粉《じゅふん》がすむと、花がしぼんだところから、小さな実が育ってきます。

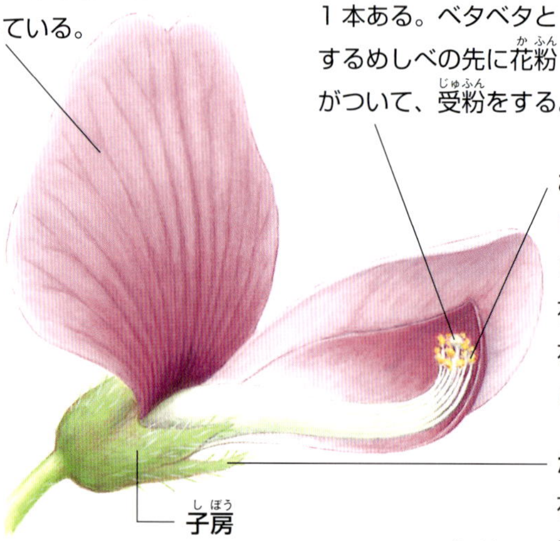

花びら
めしべやおしべを守っている。
めしべ
1 本ある。ベタベタとするめしべの先に花粉《かふん》がついて、受粉《じゅふん》をする。
おしべ
10 本ある。おしべの先にある花粉《かふん》ぶくろから花粉《かふん》が出て、めしべにくっつく。
がく
花を支《ささ》える役割《やくわり》をする。
子房《しぼう》
めしべのつけ根にある。受粉《じゅふん》するとふくらんで実になる部分。

さやの役割《やくわり》

さやは、中の種子《しゅし》がきずつかないように守ったり、種《しゅ》子《し》に養分《ようぶん》を送る役割《やくわり》などをします。
さやと種子《しゅし》は一部分がつながっています。さやを通して、葉やくきでつくられる養分《ようぶん》を、種子《しゅし》に送っているのです。また、さや自体も養分《ようぶん》をつくることができ、その養分《ようぶん》も送って、種子《しゅし》の成長《せいちょう》を助けています。

半分に割《わ》った大豆の実

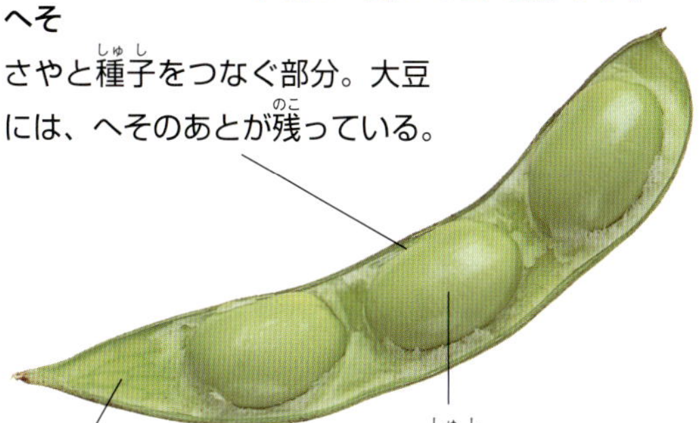

へそ
さやと種子《しゅし》をつなぐ部分。大豆には、へそのあとが残《のこ》っている。

種子《しゅし》
豆として食べる部分。ふつう、さやの中に2～4粒《つぶ》入っている。

さや
種子《しゅし》が熟《じゅく》すまで守っている。表面に生える毛は、虫などから中身を守る役割《やくわり》がある。

花が咲《さ》いてから2週間ほどたつと、豆がふくらんで、さやも少しふくらみ、でこぼこしてくる。

育て方のコツ

虫に注意

大豆にやってくる虫のなかには、葉や豆を食べたり、汁《しる》を吸《す》ったりして、大豆を弱らせてしまうものがいます。水やりのときに、虫がついていないかチェックして、ついていたら取り除《のぞ》きましょう。

ハスモンヨトウ（幼虫《ようちゅう》）
ヨトウガのなかまの幼虫《ようちゅう》は、葉や豆を食べる。

マメコガネ
コガネムシのなかまは、葉をくいあらす。

アオクサカメムシ
カメムシのなかまは、豆の汁《しる》を吸《す》う。

ダイズアブラムシ
アブラムシは、葉やくきの汁《しる》を吸《す》ったり、病原菌《びょうげんきん》を運んできたりする。

根につく菌《きん》

大豆と根粒菌《こんりゅうきん》は、自分でつくることのできない養分《ようぶん》を、おたがいに分けあたえ共生《きょうせい》しています。土中の根粒菌《こんりゅうきん》は、マメ科植物の根に「根粒《こんりゅう》」という粒《つぶ》をつくってすみつきます。根粒菌《こんりゅうきん》は、空気中のチッ素《そ》を、アンモニアにかえて利用《りよう》しますが、これを植物にも分けています。チッ素《そ》は植物の成長《せいちょう》に必要《ひつよう》な養分《ようぶん》です。根粒菌《こんりゅうきん》のおかげで、大豆はやせた土地でも育つことができます。そのかわり、大豆も自分でつくった養分《ようぶん》を、根《こん》粒菌《りゅうきん》に分けているのです。

大豆の根。丸い根粒《こんりゅう》がたくさんついている。大豆が熟《じゅく》す前、枝《えだ》豆《まめ》として収穫《しゅうかく》するときに、根ごと引きぬいて見てみよう。

枝豆《えだまめ》は若《わか》い大豆

夏になると、実が成長《せいちょう》してふくらんできます。でもまだ熟《じゅく》しておらず、緑色です。この熟《じゅく》していない若《わか》い大豆は、枝豆《えだまめ》として食べることができます。

まだ若《わか》い大豆は、枝豆《えだまめ》とよばれる。夏が旬《しゅん》の食べ物として親しまれている。

豆の成長《せいちょう》

（本物とほぼ同じ大きさ）

花が咲《さ》いてから、10日ほどのさやの中。小さな豆が、できはじめている。

花が咲《さ》いてから、20日ほどのさやの中。豆が育っている。

花が咲《さ》いてから、30日ほどのさやの中。豆が大きくふくらんで、枝豆《えだまめ》として食べごろ。

豆と野菜《やさい》のいいとこどり

まだ緑色の枝豆《えだまめ》は、大豆と緑黄色野菜《りょくおうしょくやさい》の両方のよい特徴《とくちょう》を、合わせ持っています。

大豆の栄養素《えいようそ》の特徴《とくちょう》であるタンパク質《しつ》や脂質《ししつ》が、枝豆《えだまめ》にも多くふくまれていています。また、大豆と同じく鉄分も多く、貧血《ひんけつ》に効果《こうか》があります。メチオニンは、体の調子を整えたり、アルコールの分解《ぶんかい》をうながしたりします。

緑黄色野菜《りょくおうしょくやさい》の特徴《とくちょう》としては、ビタミン類《るい》が多くふくまれています。特《とく》にビタミンB_1は、メチオニンとともに、疲労回復《ひろうかいふく》やアルコールを分解《ぶんかい》する効果《こうか》などがあります。さらにカリウムもふくまれていて、筋肉《きんにく》の動きを助けたり、むくみ防止《ぼうし》の効果《こうか》などがあります。

枝豆《えだまめ》は、つかれをとって夏バテを防《ふせ》いだり、おとながビールのおつまみに食べて、酔《よ》いすぎを防《ふせ》いだりと、夏にぴったりの食べ物。

枝豆《えだまめ》の品種《ひんしゅ》

成長途中《せいちょうとちゅう》の大豆を収穫《しゅうかく》したものが枝豆《えだまめ》ですが、現在《げんざい》食べられている枝豆《えだまめ》の多くは、枝豆用《えだまめよう》に改良《かいりょう》された品種《ひんしゅ》です。数百種類《しゅるい》あるといわれる大豆と同じくらい、枝豆《えだまめ》の品種《ひんしゅ》もたくさんあります。

よく売られているのは、豆が緑色の枝豆《えだまめ》。写真の品種《ひんしゅ》は「江戸緑」。

黒大豆の枝豆《えだまめ》には、豆が黒っぽいものがある。写真の品種《ひんしゅ》は「夏の装《よそお》い」。

枝豆《えだまめ》を収穫《しゅうかく》しよう

成長途中《せいちょうとちゅう》の大豆を、枝豆《えだまめ》として少し収穫《しゅうかく》してみましょう。花が咲《さ》いてから 30 日ほどたち、さやが、はじけそうなくらいにふくらんだら、枝豆《えだまめ》としての食べごろです。それを過《す》ぎると、豆が固くなってしまうので気をつけましょう。収穫方法《しゅうかくほうほう》は、株《かぶ》を両手でつかんで、根ごと引きぬいてから、枝豆《えだまめ》を１つ１つ切り取ります。

こしを落として株《かぶ》を持ち、力いっぱい引っ張《ぱ》る。引きぬいたら、根についているツブツブとした根粒《こんりゅう》を観察《かんさつ》してみよう（→ 55 ページ）。

枝豆《えだまめ》を食べよう

枝豆《えだまめ》は、とれたてがいちばんおいしいので、収穫《しゅうかく》したら、なるべく早くゆでましょう。食べきれない枝豆《えだまめ》は、ゆでてさまし、ビニールの保存《ほぞん》ぶくろに入れて、冷凍保存《れいとうほぞん》できます。

①

枝豆《えだまめ》を枝《えだ》から切って洗《あら》う。さやのはしっこを少し切ると、塩味がしみこみやすくなる。

②

塩を大さじ２～３ばい用意し、そのうち大さじ１ぱいの塩で枝《えだ》豆《まめ》をもみ、塩をなじませる。

③

水１ℓに残《のこ》りの塩を入れて沸《ふっ》とうさせる。枝豆《えだまめ》をもんだ塩ごと入れ、３～５分ゆでる。

④

ゆで上がったら、ざるにあげて、うちわなどであおいで手早くさます。

大豆の収穫《しゅうかく》

大豆は夏を過《す》ぎると、だんだんと葉が黄色くなってきます。そして花が咲《さ》いてから50〜60日ほどたち、全体に枯《か》れたように茶色くなったころが、大豆を収穫《しゅうかく》するときです。

茶色くなった大豆畑。

豆の成長《せいちょう》

（本物とほぼ同じ大きさ）

花が咲《さ》いてから40日ほどのさやの中。豆が黄色っぽくなってきた。

花が咲《さ》いてから60日ほどのさやの中。豆が黄色く熟《じゅく》し、水分がぬけて少し小さくなった。

さやの中には熟《じゅく》した豆がつまっている。枝《えだ》をふると、中で豆が動く音がする。

大豆を収穫《しゅうかく》しよう

大豆が熟《じゅく》すと豆の水分がぬけて、枝《えだ》をふるとさやの中でカラカラと音がします。そのくらいになったら、枝豆《えだまめ》の収穫《しゅうかく》と同じように株《かぶ》ごと引きぬいて収穫《しゅうかく》しましょう。

①

収穫《しゅうかく》したら、風通しがよく、雨がかからない日かげで1週間ほど干《ほ》す。

②

乾燥《かんそう》したら、新聞紙などでくるみ、ぼうで軽くたたいて、豆をさやから出す。

③

葉やくきを取り除《のぞ》き、広口びん、缶《かん》のはこ、ネットなどに入れて、冷暗所《れいあんしょ》で保存《ほぞん》する。

大豆 100 粒《つぶ》運動

大豆 100 粒《つぶ》運動は、「子どもたちに生きる力を身につけていってほしい」という、料理研究家《りょうりけんきゅうか》の辰巳芳子《たつみよしこ》さんの願いからはじまった運動です。小学校を中心に、運動の輪《わ》が広がっています。

人類《じんるい》が豆に頼《たよ》らなくてはならない時代が必《かなら》ずきます。子どもたちの手を借《か》りて大豆をまこうという提言《ていげん》。食の安定性《あんていせい》や自給率《じきゅうりつ》など、深く憂《うれ》いてのこと。切に願うことはだた 1 つ。子どもたちの安らかな未来です。

大豆 100 粒《つぶ》運動を支《ささ》える会会長
辰巳芳子《たつみよしこ》さん

NPO 法人《ほうじん》大豆 100 粒《つぶ》運動を支《ささ》える会
http://www.daizu100.com/

手のひら 100 粒《つぶ》の大豆をまこう

子どもの両手のひらいっぱいに乗せた大豆は、約《やく》 100 粒《つぶ》になります。自分の手に乗る大豆をまいて育て、自ら収穫《しゅうかく》したものを食べることにより、子どもたちは食べ物の大切さを学びます。そして、収穫《しゅうかく》した大豆をまた次の年にまき、育てることで、命のつながりを感じることができます。

活動のようす

手のひらの大豆をまこう！

順調《じゅんちょう》に成長《せいちょう》しているね。

みんなで世話をしたり観察《かんさつ》をしたり。

大豆になる前に枝豆《えだまめ》としても食べてみよう。

いよいよ大豆の収穫《しゅうかく》。たくさんとれた！

「大豆 100 粒《つぶ》運動」提唱《ていしょう》の理由

①低《ひく》い自給率《じきゅうりつ》への危機感《ききかん》

現在《げんざい》、日本の食料自給率《しょくりょうじきゅうりつ》は 39%、大豆は 8%しかありません。

②食料《しょくりょう》の安全への危機感《ききかん》

輸入《ゆにゅう》作物に使われる農薬など、食の安全には問題があります。

③大豆の栄養《えいよう》

大豆は高い栄養価《えいようか》に加《くわ》えて、日本の食文化においても価値《かち》があります。

④学校教育の場に有効《ゆうこう》

大豆を栽培《さいばい》することで、生き物の成長《せいちょう》や変化《へんか》を意識《いしき》し、学ぶことができます。

土地の食べ物を大切に

昔は、風土に合った作物をつくり、季節《きせつ》にとれる旬《しゅん》のものを食べていました。しかし今は、ハウス栽培《さいばい》や輸入《ゆにゅう》などにより、1 年中同じ食べ物が出回っています。便利《べんり》な反面、旬《しゅん》や季節《きせつ》、地域性《ちいきせい》がうすれたという欠点《けってん》もあります。

大豆 100 粒《つぶ》運動では、その土地の大豆を育て、その土地の料理法《りょうりほう》で食べ、季節《きせつ》や伝統《でんとう》を再認識《さいにんしき》することを目的《もくてき》の 1 つとしています。

大豆を使った各地の食べ物

ずんだもち（宮城県《みやぎけん》など）

打ち豆（新潟県《にいがたけん》など）

茶飯《ちゃめし》（奈良県《ならけん》）

大豆を食べよう

基《き》本《ほん》のゆで方

大豆が収穫《しゅうかく》できたら、ぜひ食べてみましょう。大豆は、そのままでは固《かた》く、乾燥《かんそう》しています。水でもどして、やわらかくゆでて食べます。

①大豆を水に一晩《ひとばん》ひたしてもどす

よく洗《あら》った乾燥《かんそう》大豆を、3～4倍の量《りょう》の水にひたして一晩《ひとばん》置《お》きます。水につけたときに、水面にういた豆は取り除《のぞ》きましょう。一晩《ひとばん》置《お》き、豆がふっくらして、皮がぴんと張《は》っていたら、大豆がもどっています。まだ皮にしわがよっていたら、もう少し置《お》いておきましょう。

乾燥《かんそう》大豆1
{乾燥《かんそう》大豆1カップ(200cc)は約《やく》150g}

水3～4
{水1カップ（200cc）は約《やく》200g}

一晩《ひとばん》ひたす

②もどした大豆をゆでる

もどした大豆を、水ごとなべに入れて、強火にかけます。沸《ふっ》とうしはじめたら、コップ半分ほどの水を入れて「差《さ》し水」をします。沸《ふっ》とうしたら中火にして、1時間ほどゆでます。100gの乾燥《かんそう》大豆が、ゆで上がると220～240gになります。

大豆の外側《そとがわ》だけが、急に煮《に》えるのを防《ふせ》ぐために、差《さ》し水をする。水面にアクがういたらすくう。水分が蒸発《じょうはつ》して、少なくなったら水を足す。

急いでゆでたいとき

沸《ふっ》とうしたお湯（大豆の4～5倍の量《りょう》）に、乾燥《かんそう》大豆を入れて火を止める。

そのままふたをして1時間ほど置《お》く。

再《ふたた》び火にかけ、途中《とちゅう》で差《さ》し水をし、沸《ふっ》とうしたら中火で1時間ほどゆでる。

大豆サラダをつくろう

ゆでた大豆を、野菜《やさい》などと混《ま》ぜ合わせて、サラダをつくってみましょう。大豆の味が、そのまま味わえます。

材料《ざいりょう》

（3～4人分）

ゆで大豆……1カップ（約《やく》150g）

キュウリ……1本

ミニトマト……5個《こ》

ツナの缶《かん》づめ……1缶《かん》

マヨネーズ……大さじ2～3

塩、こしょう……少し

道具 ほうちょう・まな板・ボウル・はし

①キュウリを角切りにする

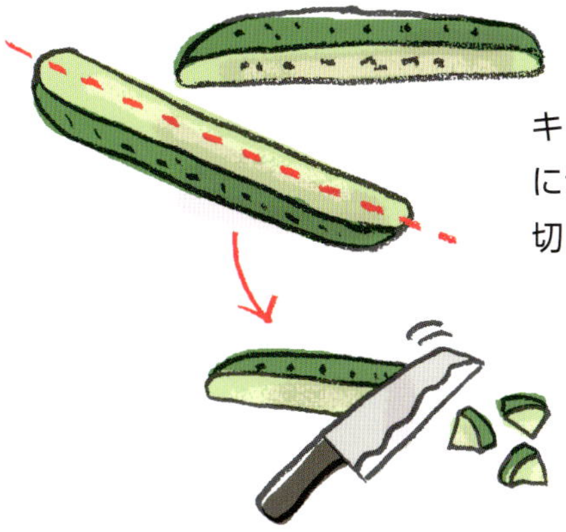

キュウリを、たて半分に切り、さらに半分に切り4つ割《わ》りにする。

1cmくらいに切って角切りにする。

②ミニトマトを4つに切る

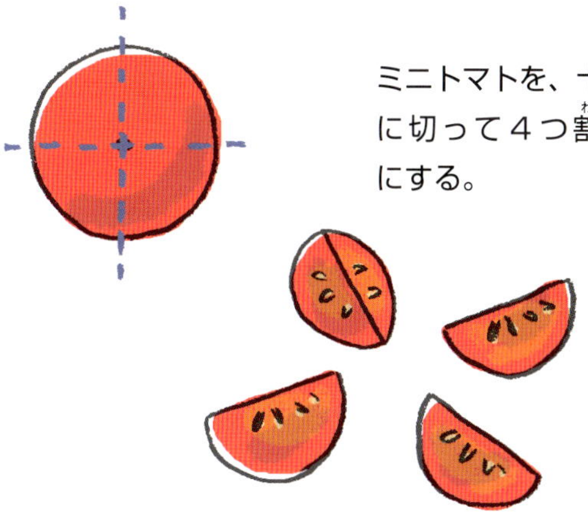

ミニトマトを、十字に切って4つ割《わ》りにする。

③ツナの油を切る

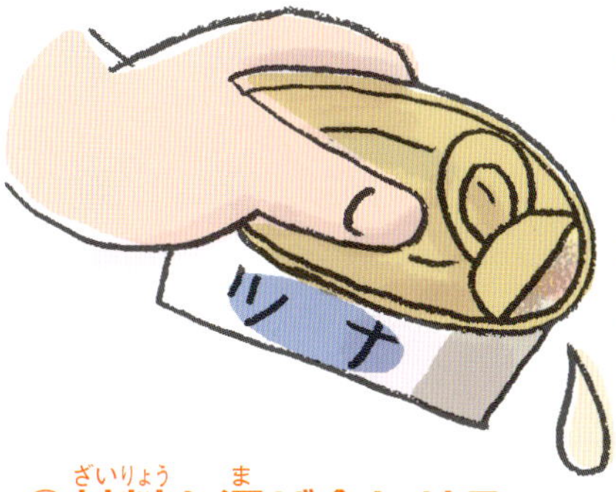

ツナの缶《かん》づめのふたを少し開ける。缶《かん》を持ってかたむけ、親指でぎゅっとふたをおし、油をしぼって捨《す》てる。

④材料《ざいりょう》を混《ま》ぜ合わせる

大豆、切った野菜《やさい》、ツナ、マヨネーズを混《ま》ぜ合わせ、塩とこしょうで味を整える。

できあがり

レタスやサラダ菜《な》などの、緑色の葉をかざって盛《も》りつけると、いろどりがきれい。

とうふをつくろう

ちょっと手間はかかりますが、大豆があれば、家でとうふがつくれます。
おうちの人といっしょに、チャレンジしてみましょう。

材料《ざいりょう》

（小さなざる２つ分）
乾燥《かんそう》大豆……２カップ（約《やく》300g）
水…………………1900cc（1.9ℓ）
にがり…………………10cc くらい

道具

ミキサー
大きめのなべ　２つ
ボウル
ざる
木べら
おたま

小さなざる　２つ
皿　３～４枚《まい》
厚手《あつで》のゴム手ぶくろ
温度計
さらし布《ぬの》２枚《まい》（小さなざるにしく大きさ）

布《ぬの》ぶくろ
布《ぬの》ぶくろは、大きななべに、かぶせることのできる、大きさのもの。さらし布《ぬの》をぬってつくろう。

①乾燥《かんそう》大豆をもどす

水でよく洗《あら》った乾《かん》燥《そう》大豆２カップを、900cc の水にひたして一晩《ひとばん》置《お》く。

②大豆をミキサーにかける

水でもどした大豆を、もどし水と一緒《いっしょ》にミキサーにかける。何回かに分けて、なめらかなクリーム状《じょう》になるまで、よくミキサーにかける。

③ミキサーにかけた大豆を煮《に》る

クリーム状《じょう》になった大豆と、水 1000cc（１ℓ）をなべに入れ強火にかける。底《そこ》がこげないように、木べらをなべ底《そこ》につけながら、かき混《ま》ぜる。

④あわ立ったら弱火で８分

沸《ふっ》とう直前、表面にあわがフワーっと立ってきたら、いったん火を消す。あわが落ち着いたら、弱火で８分ほど煮《に》る。その間も、木べらでかき混《ま》ぜ続《つづ》ける。

⑤布《ぬの》ぶくろをかけたなべに入れる

やけど防止《ぼうし》のため、ゴム手ぶくろをする。もう１つのなべの中に、ざるを置《お》き、水でぬらしてしぼった布《ぬの》ぶくろをかけ、煮《に》た大豆を３分の１ほど流し入れる。

⑥しぼる

※ 熱《あつ》いので、やけどに気をつけよう。

ふくろの口をねじって、木べらでふくろをおしながらしぼる。中のかすがカラカラになるまでしぼり、豆乳《とうにゅう》とおからに分ける。これを３回に分けて行う。

⑦温度を 80 度にする

豆乳《とうにゅう》を、温度計ではかりながら中火にかける。表面にアクが出たらすくって取る。温度が 70 度以上《いじょう》になったら火を止め、そのまま 80 度に上がるまで待つ。

⑧にがりを加《くわ》える

豆乳《とうにゅう》が 80 度くらいになったら、にがりを加《くわ》える。木べらに沿《そ》わせるようにし、少しずつにがりを入れる。全体を、ゆっくり大きくかき混《ま》ぜる。

⑨ 10 分置《お》く

そのままふたをして 10 分ほど置《お》くと、にがりの力で豆乳《とうにゅう》が固《かた》まってくる。

⑩ざるに盛《も》る

小さめのざる２つそれぞれに、水にぬらしてしぼった、さらしをしく。そこに、やわらかく固《かた》まったとうふを、おたまで盛《も》る。

⑪重《おも》しをして水を切る

とうふの上に、皿を 3 ～ 4 枚《まい》乗せて重《おも》しにし、10 ～ 20 分置《お》いて水分を切る。

⑫水につける

水を切ったとうふを、ざるごと水に 10 分ほどつけて、にがりのにおいや味を取り除《のぞ》く。

できあがり

ひっくり返して皿に盛《も》るか、おたまですくって盛《も》る。ねぎやしょうゆをかけて食べよう。

大豆もやしを育てよう

乾燥《かんそう》大豆は、水を吸《す》うと根や芽《め》が出ます。光を当てずに、水だけで育ててみましょう。大豆もやしができます。こまめに大豆を洗《あら》うと、うまく育ちます。

材料《ざいりょう》・道具

乾燥《かんそう》大豆(豆まき用の炒《い》り大豆は育たない)
コップや、びんなどの容器《ようき》
排水溝用《はいすいこうよう》ネット
輪《わ》ゴム
キッチン用アルコール除菌《じょきん》スプレー
ダンボールなどのはこ

①容器《ようき》を消毒《しょうどく》する

コップやびんなど、もやし大豆を育てるための容《よう》器《き》をよく洗《あら》い、キッチン用アルコール除菌《じょきん》スプレーをかけて消毒《しょうどく》する。

②大豆を入れる

容器《ようき》に大豆を入れる。大豆が２段《だん》に重なるくらいの量《りょう》が目安。

③水洗《みずあら》いする

大豆を水でよく洗《あら》う。容器《ようき》に水を入れて、回すようにゆすると、あわが出てくる。あわが出なくなるまで、何回か水をかえて洗《あら》う。

④水を入れてネットをかぶせる

大豆を洗《あら》ったら、大豆の高さの３倍以上《いじょう》の水を入れる。容器《ようき》の口に、排水溝用《はいすいこうよう》ネットをかぶせて、輪《わ》ゴムでとめる。

⑤はこをかぶせて一晩置《ひとばんお》く

もやしは、光を当てずに育てるので、容器《ようき》にはこをかぶせ暗くする。一晩《ひとばん》置《お》くと、豆が水を吸《す》って約《やく》２倍の大きさになる。

⑥水を捨《す》てて洗《あら》う

一晩置《ひとばんお》いた容器《ようき》の水を捨《す》て、新しい水で２～３回大豆を洗《あら》い、水をよく切る。容器《ようき》の中を大豆だけにして、はこをかぶせる。

⑦１日３回洗《あら》う

⑥のようにして朝、昼、夜、ねる前など、１日３回以上《いじょう》、大豆を洗《あら》い、はこをかぶせて育てる。根が１～3cm になったら、食べごろ。

できあがり

育てはじめた日から、４～５日で食べられるようになる。あまり長く育てると、大豆がいたんでしまう。

大豆もやしのナムルをつくろう

育てた大豆もやしを使って、料理《りょうり》をしてみましょう。ナムルは韓国《かんこく》の料理《りょうり》で、野菜《やさい》を調味料《ちょうみりょう》であえたものです。

材料《ざいりょう》

（3～4人分）

- 大豆もやし……200g
- キュウリ……1本
- ハム……3～4枚《まい》
- 白ゴマ……大さじ1～2
- ☆おろしにんにく……小さじ1～2
- ☆しょうゆ……大さじ2
- ☆ゴマ油……大さじ1
- 塩、こしょう……少し

道具 ほうちょう・まな板・なべ・ざる・ボウル・はし

①キュウリとハムを切る

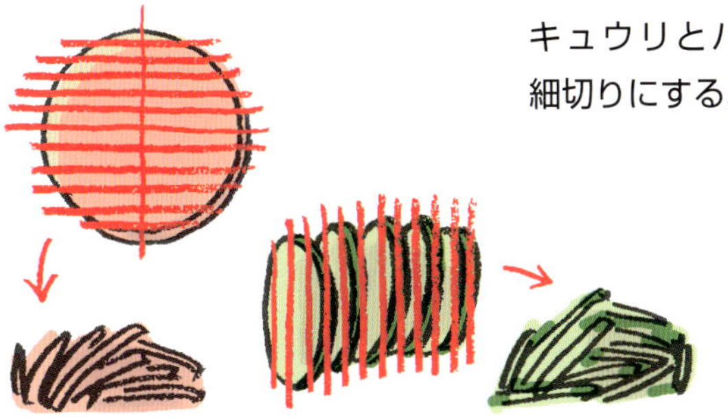

キュウリとハムは、細切りにする。

②大豆もやしを火にかける

大豆もやしを洗《あら》って、大豆の皮を取り除《のぞ》く。なべに入れ、もやしがかくれるくらいの水を入れて、火にかける。

③ゆでて水切り

沸《ふっ》とうしたら、5分ゆでる。豆が固かったら、もう少しゆでる。ざるにあげ、しっかり水切りをする。

④熱《あつ》いうちに混《ま》ぜる

大豆もやしが熱《あつ》いうちに、☆の調味料《ちょうみりょう》を混《ま》ぜてしっかり味をつける。さめたらキュウリとハム、白ゴマを混《ま》ぜ、塩とこしょうで味を整える。

できあがり

ビビンバ風

焼《や》き肉や、ゆでたホウレンソウなどと一緒《いっしょ》に、ごはんの上に盛《も》り、ビビンバ風にしてもおいしい。

アレルギーってなんだろう？

おいしくて健康《けんこう》によい大豆ですが、なかには大豆アレルギーのため、大豆を食べると体がかゆくなったり、じんましんが出たりして、食べられない人もいます。

アレルギーとは？

人には、体に入りこんだウィルスや細菌《さいきん》などを追い出すための、「免疫《めんえき》」という機能《きのう》があります。この免疫《めんえき》機能《きのう》が誤作動《ごさどう》を起こし、体に害《がい》がない物質《ぶっしつ》にも、過剰《かじょう》に反応《はんのう》することがあります。これをアレルギーとよび、免疫《めんえき》の反応《はんのう》により、体にいろいろな症状《しょうじょう》が出ます。

食べ物に対してのアレルギーもあります。食べ物アレルギーの人は、特定《とくてい》の食べ物のタンパク質《しつ》に、免疫《めんえき》が反応《はんのう》します。

アレルギーのおもな種類《しゅるい》と症状《しょうじょう》

種類《しゅるい》	症状《しょうじょう》
食べ物 ダニ・ほこり 花粉《かふん》・カビ	①じんましんやかゆみ、目の充血《じゅうけつ》など、皮ふへの症状《しょうじょう》 ②はき気やげりなど、消化器《しょうかき》への症状《しょうじょう》 ③口の中や、のどのかゆみ・はれ、くしゃみや鼻水などの症状《しょうじょう》 ④ぜんそくや呼吸困難《こきゅうこんなん》など ⑤全身のショック症状《しょうじょう》

今の日本では、３人に１人が、アレルギーを持っているといわれている。アレルギーの原因《げんいん》になりやすい物質《ぶっしつ》を「アレルゲン」という。

大豆アレルギー

大豆アレルギーは、大豆のタンパク質《しつ》に反応《はんのう》して症状《しょうじょう》が出ます。ピーナツやインゲンマメなど、大豆に成分《せいぶん》が似《に》ている豆類《まめるい》や食べ物にも反応《はんのう》するので、注意が必要《ひつよう》です。

しかし、医師《いし》と相談すれば、大豆を食べられる場合があります。みそや納豆《なっとう》などの加工品《かこうひん》は、アレルギーが出にくく、「ゆめみのり」など低《てい》アレルゲンの大豆もあります。

また、子どもの食べ物アレルギーの多くは、年とともに、よくなるといわれています。

日本の食べ物アレルギーの原因食物割合《げんいんしょくもつわりあい》

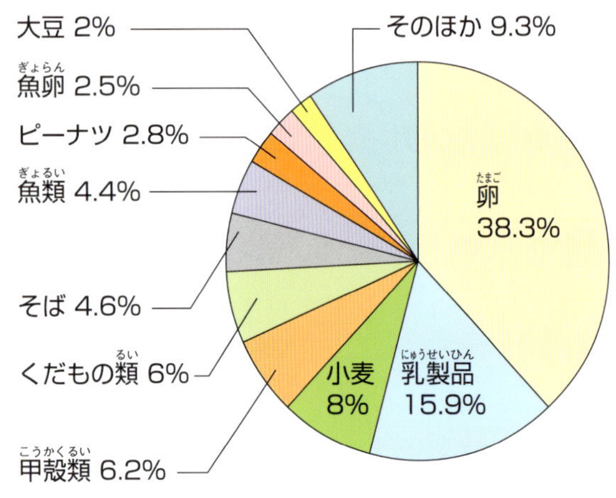

（参考《さんこう》：厚生労働省《こうせいろうどうしょう》ホームページ）

第4章《しょう》

もっと！大豆の豆《まめ》知識《ちしき》

日本の文化に深く根づいている大豆は、
海外でも栽培《さいばい》され利用《りよう》されています。
また意外な使われ方もしています。
大豆について知っておきたい知識《ちしき》はたくさんあります。

日本文化と大豆

昔から、大豆には魔《ま》よけの力があると信《しん》じられ、行事に使われてきました。また、ことわざの中にも登場します。日本人の暮《く》らしと文化に、大豆は深く関《かか》わっています。

大豆には不思議《ふしぎ》な力がある？

たくさんの豆を実らせ、さまざまな食べ物にすがたをかえる大豆。大切な食べ物である大豆には、昔から不思議《ふしぎ》な力があると信《しん》じられてきました。

占《うらな》いやお守り、魔《ま》よけや厄《やく》よけなど、古来より大豆を使った行事や儀式《ぎしき》が多くあります。日本人は大豆の力を信《しん》じ、心身ともに、たよりにしてきました。また、豆は当て字で「魔《ま》滅《め》」とも書きます。「魔《ま》を滅《めっ》する」ということで、縁起《えんぎ》のよい食べ物なのです。

大豆が使われる行事

春

桃《もも》の節句《せっく》（あられ）

季節《きせつ》の節目《ふしめ》である五節句《ごせっく》の１つ、桃《もも》の節句《せっく》は、女の子の成長《せいちょう》を祝《いわ》い、ひな人形をかざります。ひな人形に供《そな》えるあられは、もちや大豆を炒《い》って、甘《あま》く味つけしたものです。

夏

豆いり朔日《ついたち》（大豆を供《そな》える）

５月のはじめに、神棚《かみだな》に大豆を供《そな》える地域《ちいき》があります。５月２日ごろは、立春《りっしゅん》から数えて88日目で「八十八《はちじゅうはち》夜《や》」ともいい、大豆をまくのに、ちょうどよいころといわれています。

眠《ねむ》り流し（大豆の葉を流す）

東北地方では、夏の眠気《ねむけ》をはらうため、目をこすった大豆の葉を、川に流す風習があります。大豆の葉のほかに、人形、灯籠《とうろう》などを流すこともあります。

秋

豆名月《まめめいげつ》（豆を供《そな》えて月見をする）

旧暦《きゅうれき》９月13日（現在《げんざい》の10月中旬《ちゅうじゅん》～下旬《げじゅん》ごろ）は「十三夜《じゅうさんや》」といい、月見の風習があります。秋に収穫《しゅうかく》した、大豆や栗《くり》を供《そな》えることから、別名「豆名月《まめめいげつ》」や「栗《くり》名月《めいげつ》」といいます。

冬

大黒様《だいこくさま》の年取り（豆料理《まめりょうり》）

東北地方では、12月９日を「大黒様《だいこくさま》の年取り」の日といいます。大豆を使った料理《りょうり》や、尾頭《おかしら》つきの魚を供《そな》えて食べると、福が授《さず》かるといわれています。

正月（おせち料理《りょうり》）

正月に食べるおせち料理《りょうり》には、黒大豆（黒豆）の煮豆《にまめ》が入っています。「まめまめしく働《はたら》くように」「まめに暮《く》らす（元気に暮《く》らす）」といった意味がこめられています。

節分《せつぶん》（豆まき）

２月３日ごろの節分《せつぶん》には、「鬼《おに》は外、福は内」といいながら、炒《い》り豆をまいて鬼《おに》をはらいます。さらに厄《やく》よけのため、年の数か、年の数よりも１つ多く豆を食べます。

桃《もも》の節句《せっく》に食べる、はなやかな色合いのひなあられ。

大豆や米などを神棚《かみだな》に供《そな》えるときには、ますに盛《も》る。

正月に食べるおせち料理《りょうり》は、縁起《えんぎ》のよい食べ物がお重につめられている。

節分《せつぶん》の豆まき。神社やお寺では、豆まきを盛大《せいだい》に行う。

大豆のことわざ

日本人の食生活を支《ささ》えてきた大豆と、大豆を使った食べ物には、昔からいい伝《つた》えられてきた言葉や、ことわざが、たくさんあります。

鬼《おに》の手から豆をもらう

おいしそうな豆がほしくても、豆を持っている相手が鬼《おに》では、気味がわるくてもらえない、という意味。うまい話には裏《うら》があることのたとえです。

ハトが豆鉄砲《まめでっぽう》を食ったよう

ハトが顔などに豆を当てられて、おどろくようすから、突然《とつぜん》のことにおどろいて、きょとんとしていることをいいます。豆鉄砲《まめでっぽう》とは、豆を飛《と》ばして遊ぶ、竹づつのおもちゃです。

豆の横ばし

２本のはしをそろえて、豆をすくい上げるのは、あまりぎょうぎがよくありません。そこから、はしのマナーがよくないことの意味で使われます。

ハトの豆使い

使いに出た人が、道草を食って帰るのを忘《わす》れてしまうこと。好《こう》物《ぶつ》である、豆のそばからはなれずに、帰らないハトにたとえています。

とうふにかすがい

かすがいとは、材木《ざいもく》をつなぎ合わせる金具です。やわらかいとうふに、かすがいを打っても、効果《こうか》も手ごたえもない、何のきき目もないという意味です。

炒《い》り豆に花が咲《さ》く

ふつうは成長《せいちょう》するはずのない、炒《い》った大豆から芽《め》が出て、花が咲《さ》くようすを表しています。予想していなかったことが、起こるたとえとして使われます。

手前みそ

自分や身内をほめるとき、はじめに「手前みそですが」とつけます。自分の家(手前)でつくったみそを、自慢《じまん》するようすから、できた言葉です。

コラム

行事にかかせない豆、小豆《あずき》

大きな豆と書く大豆とは反対に、小さな豆と書く小豆《あずき》は、その名の通り、小さな粒《つぶ》の豆です（→ 12 ページ）。大豆と同じくらい古くから、日本で栽培《さいばい》されてきました。

中国や日本では、赤は魔《ま》よけの色、縁起《えんぎ》のよい色と考えられています。赤みがかった色の小豆《あずき》は、祝《いわ》い事や行事のときに食べられ、大豆とともに大切にされてきた豆です。

小豆《あずき》を使った食べ物

おはぎ

おしるこ

まんじゅう

ようかん

赤飯《せきはん》

日本から世界へ広がった大豆

大豆は、アジアで多く食べられている豆ですが、海外でも栽培《さいばい》、利用《りよう》されています。海外への大豆の広がりは、少なからず日本が関係《かんけい》しています。

コンプラびん
長崎《ながさき》からしょうゆを輸出《ゆしゅつ》する際《さい》に使われた、伊万里焼《いまりや》きなどのびん。江戸時代にしょうゆは世界へ広まった。

しょうゆの輸出《ゆしゅつ》で大豆が世界へ

江戸時代の日本は、他国との接触《せっしょく》を禁《きん》じる鎖国《さこく》が行われていました。しかし、九州の長崎港《ながさきこう》には外国人が出入りでき、貿易《ぼうえき》を行っていました。しょうゆも長崎《ながさき》から輸出《ゆしゅつ》され、おもにアジアへ、そして一部はヨーロッパへも運ばれました。ヨーロッパでは、しょうゆは大変《たいへん》貴重《きちょう》なものでした。ベルサイユ宮殿《きゅうでん》で、フランス国王ルイ 14 世が食べる料理《りょうり》にも使われたそうです。
しょうゆによって、原料《げんりょう》である大豆も世界に知られていきました。ヨーロッパで、しょうゆは「ソイソース」とよばれ、そこから「ソイビーン」という、大豆の英語名《えいごめい》がついたのです。

煮沸消毒《しゃふつしょうどく》したしょうゆを、コンプラびんにつめて栓《せん》をする。その上から、コールタールという、防腐《ぼうふ》作用のある液《えき》をぬって、しょうゆがいたむのを防《ふせ》いだ。

日本に来た外国人が持ち帰る

日本に滞在《たいざい》した、スウェーデンの医師《いし》で植物学者のツンベルクは、著書《ちょしょ》『ツンベルク日本紀行』で、しょうゆについて記《しる》しています。
また、日本にやってきた、ドイツの医師《いし》で博物《はくぶつ》学者のシーボルトとケンペル、アメリカの軍人《ぐんじん》ペリーなどが、しょうゆの原料《げんりょう》である大豆を自分の国に持ち帰ったといわれています。アメリカやヨーロッパの地では、大豆はなかなか育ちませんでした。しかし、アメリカでは 100 年以上《いじょう》かけて、風土に合う大豆の品種《ひんしゅ》や栽培方法《さいばいほうほう》をつくり、今では世界一大豆を生産《せいさん》する国になりました。

アメリカの広大な大豆畑。

食用にするのはアジアだけ？

アジアでは、大豆を料理《りょうり》したり加工《かこう》したりして、大豆そのものを食べます。しかし、アジア以外《いがい》の国では、そのまま食べずに、ほとんどを、油をつくるために使います。
その理由として、大豆栽培《さいばい》の歴史《れきし》が浅《あさ》く、大豆の食文化がないことや、大豆油は安いため、多量《たりょう》に利用《りよう》されていることなどがあります。特《とく》に開発途上国《かいはつとじょうこく》では、安く手に入る油を料理《りょうり》に使うことで、脂質《ししつ》を補《おぎな》っています。
しかし近年は、日本食や大豆タンパクが健康《けんこう》によいと注目され、アジア以外《いがい》でも食べられるようになりました。

世界の大豆消費《しょうひ》

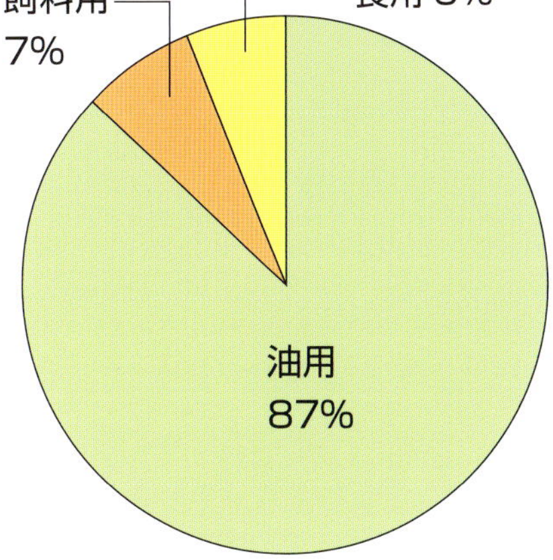

(参考《さんこう》：農林水産省《のうりんすいさんしょう》ホームページ)

世界で生産《せいさん》されている大豆のほとんどが油用。家畜《かちく》のえさ（飼料《しりょう》）にも使われ、食用はごくわずか。

アジアの大豆食品

大豆をテンペ菌《きん》で発酵《はっこう》させたインドネシアの食べ物。くせのない味。

トウチジャン

黒大豆に塩を混《ま》ぜ、こうじカビと酵母菌《こうぼきん》で発酵《はっこう》させた中国の調味料《ちょうみりょう》。

テンジャン

枯草菌《こそうきん》で発酵《はっこう》させた大豆を、塩づけにした韓国《かんこく》の調味料《ちょうみりょう》。

日本食ブームで欧米《おうべい》でも人気に

ヨーロッパやアメリカでは、肉を食べてタンパク質《しつ》の栄養《えいよう》をまかなってきました。しかし、肉のとりすぎは、肥満《ひまん》や動脈硬化《どうみゃくこうか》など、生活《せいかつ》習慣病《しゅうかんびょう》につながります。
健康《けんこう》への関心《かんしん》が高まるなかで、油分が少ない日本食、そして肉のかわりとして、大豆タンパクが注目されるようになりました。大豆タンパクは、宗教上《しゅうきょうじょう》などの理由で、今まで肉を食べられなかった人にも、重宝《ちょうほう》されています。
アメリカ人が、大豆を食べなかった理由の１つとして、大豆独特《どくとく》のにおいがありました。しかし現在《げんざい》では、「エルスター」など、においが少ない品種《ひんしゅ》がつくられています。

カナダのスーパーに売られているとうふ。とうふは、くせが少なく食べやすいので、欧米《おうべい》でもポピュラーな食べ物となりつつある。

大豆の生産《せいさん》と消費《しょうひ》

日本人が、毎日のように口にしている大豆ですが、実は日本国内で生産《せいさん》されている量《りょう》はわずかです。大規模農業《だいきぼのうぎょう》を行う、土地の広い国で、たくさん栽培《さいばい》されている大豆を輸入《ゆにゅう》しているのです。

世界の大豆生産《せいさん》

以前《いぜん》は、中国が大豆生産《せいさん》のトップでした。しかし、20世紀《せいき》に入ってからアメリカでの栽《さい》培《ばい》が増《ふ》え、50年ほど前からは中国をぬいて、アメリカが世界最大《さいだい》の生産国《せいさんこく》になりました。

大豆の需要量《じゅようりょう》は1970年に比《くら》べて5倍に増《ふ》え、大豆の生産国《せいさんこく》も増《ふ》えています。近年ではブラジルやアルゼンチンなど、南米で大量《たいりょう》に栽培《さいばい》されるようになり、アメリカに追いつく勢《いきお》いです。ブラジルでは、日本人移民《いみん》が持ちこんだ大豆が、広まったといわれています。

ハンガリーやポーランド、ウクライナなど東ヨーロッパでの栽培《さいばい》や、さらに新たな生産国《せいさんこく》として、アフリカの国でも栽培《さいばい》されています。

世界の大豆輸出《ゆしゅつ》・輸入《ゆにゅう》

大豆生産《せいさん》トップ3のアメリカ、ブラジル、アルゼンチンが、輸出《ゆしゅつ》でもトップを占《し》め、この3か国だけで輸出量《ゆしゅつりょう》の90%になります。アメリカは生産量《せいさんりょう》1位ですが、ほとんどは油用と輸出用《ゆしゅつよう》で、国内で食用にする量《りょう》はわずかです。輸入《ゆにゅう》を見ると、生産量《せいさんりょう》4位の中国が、最大《さいだい》の輸入国《ゆにゅうこく》になっています。中国は経済発展《けいざいはってん》にともない、肉を生産《せいさん》するための家畜《かちく》のえさや、油用大豆の量《りょう》が増《ふ》え、国内生産《せいさん》だけではまかなえず、輸入《ゆにゅう》にたよるようになりました。

日本は輸入国《ゆにゅうこく》の4位です。大豆をたくさん食べる日本ですが、国内での生産《せいさん》は少なく、そのほとんどは輸入《ゆにゅう》にたよっています。

（参考《さんこう》：米国農務省《べいこくのうむしょう》「World Markets and Trade」）

世界の大豆生産量《せいさんりょう》（2012～2013年）

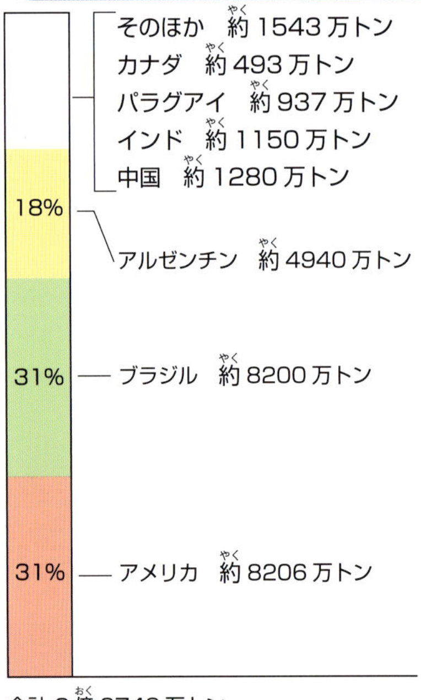

合計2億《おく》6749万トン

世界の大豆輸出量《ゆしゅつりょう》（2012～2013年）

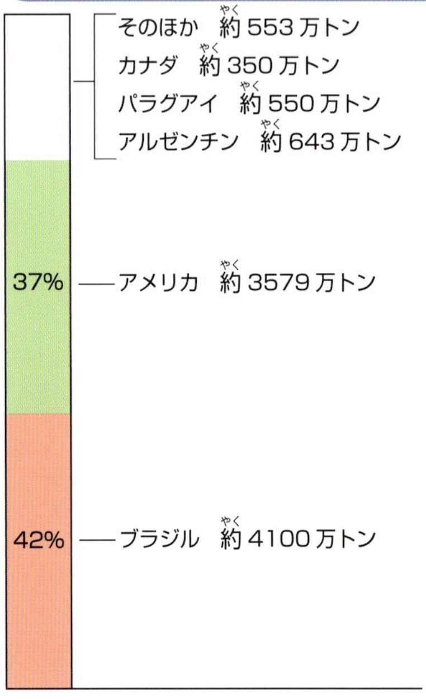

合計9775万トン

世界の大豆輸入量《ゆにゅうりょう》（2012～2013年）

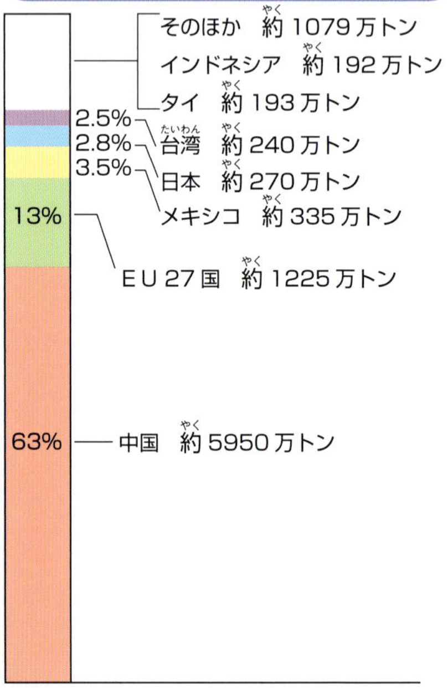

合計9484万トン

輸入《ゆにゅう》にたよる日本

日本の大豆自給率《じきゅうりつ》は、8%しかありません。自給率《じきゅうりつ》とは、食料全体《しょくりょうぜんたい》のうち、どのくらい国内でつくっているかの割合《わりあい》です。日本で利用《りよう》する大豆のうち、約《やく》65%をアメリカから、約《やく》20%をブラジルから輸入《ゆにゅう》しています。

日本の大豆利用《りよう》は増《ふ》える傾向《けいこう》にあります。しかし、大豆栽培《さいばい》の収益《しゅうえき》は、それほどよいわけではなく、また収益《しゅうえき》の割《わり》には栽培《さいばい》の手間がかかるなどの理由で、自給率《じきゅうりつ》は上がりません。

輸入《ゆにゅう》にたよっていると、農薬使用などの不安や、輸入先《ゆにゅうさき》の国で生産量《せいさんりょう》が落ちた場合に、影響《えいきょう》を受けるなどの問題があります。

日本の大豆のおもな輸入先《ゆにゅうさき》（2012年）

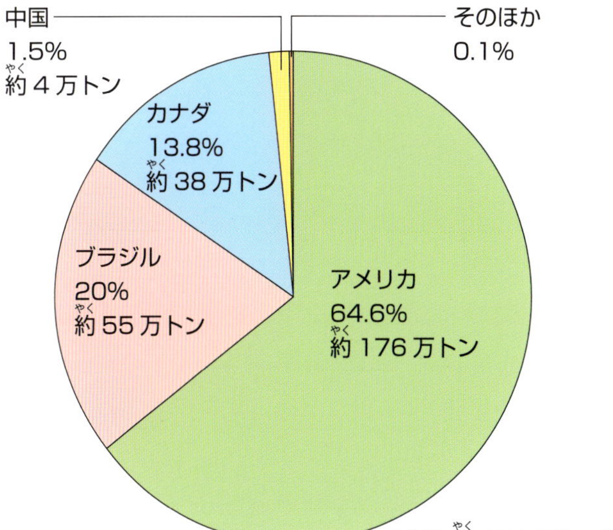

[合計 約《やく》273万トン]

（参考《さんこう》：農林水産省《のうりんすいさんしょう》ホームページ）

国内生産地《せいさんち》トップ5（2012年）

1	北海道	2万7200トン
2	宮城《みやぎ》	9040トン
3	佐賀《さが》	8210トン
4	福岡《ふくおか》	7830トン
5	秋田	7620トン

[全国合計 13万1100トン]

（参考《さんこう》：農林水産省《のうりんすいさんしょう》ホームページ）

日本の大豆の用途《ようと》（2012年）

大豆油用	約《やく》200万トン
食品用	① とうふ、油あげ　45万トン ② みそ　12万4000トン ③ 納豆《なっとう》　12万3000トン ④ 豆乳《とうにゅう》　4万トン ⑤ しょうゆ　3万3000トン ⑥ 煮豆《にまめ》・そうざい　3万トン ⑦ こおりとうふ　2万2000トン ⑧ きな粉《こ》　1万7000トン ⑨ そのほか　9万3000トン 計 93万2000トン

（参考《さんこう》：農林水産省《のうりんすいさんしょう》ホームページ）

コラム

大豆のしぼりかすが大活躍《だいかつやく》

大豆から油をしぼったあとのかすを、「大豆ミール」といいます。しぼりかすといっても、捨《す》てずにいろいろと活用されています。

大豆ミールには、大豆の栄養分《えいようぶん》が残《のこ》っていて栄養価《えいようか》が高いため、家畜《かちく》のえさや田畑の肥料《ひりょう》として、世界中で使われています。

また日本では、しょうゆや加工品《かこうひん》などの原料《げんりょう》としても利用《りよう》しています。大豆はしぼったかすでも、丸のままの大豆と同じくらい利用価値《りようかち》があります。

えさを食べるウシ。高タンパクな大豆ミールを食べると、早く成長《せいちょう》する。

食料《しょくりょう》不足《ぶそく》を補《おぎな》う大豆

日本に住んでいると気づきにくいですが、世界的《せかいてき》に見ると、食料《しょくりょう》が不足《ふそく》している地域《ちいき》があります。栄養《えいよう》たっぷりの大豆が、こういった食料《しょくりょう》の問題を救《すく》う、糸口になるかもしれません。

世界では食料《しょくりょう》が足りていない

農作物は本来、人が利用《りよう》しても、それ以上《いじょう》の量《りょう》をくり返し収穫《しゅうかく》できる資源《しげん》です。しかし、人口増加《ぞうか》で多くの食料《しょくりょう》が必要《ひつよう》になり、また砂《さ》漠化《ばくか》や土壌《どじょう》汚染《おせん》など環境《かんきょう》の変化《へんか》で、作物を栽《さい》培《ばい》できなくなった土地が増《ふ》えています。

開発途上国《かいはつとじょうこく》や、貧富《ひんぷ》の差《さ》が大きい国では、食べ物が足りず、飢《う》えに苦しむ人たちがいます。

世界の人口は増《ふ》え続《つづ》けており、現在約《げんざいやく》70億《おく》人が、2050年には92億《おく》人になると予想されています。このまま人口が増《ふ》えて食料《しょくりょう》が不足《ふそく》していけば、将来《しょうらい》は、お金をはらっても、食べ物が手に入らなくなるかもしれません。

世界の栄養不足人口《えいようぶそく》（2011～2013年）

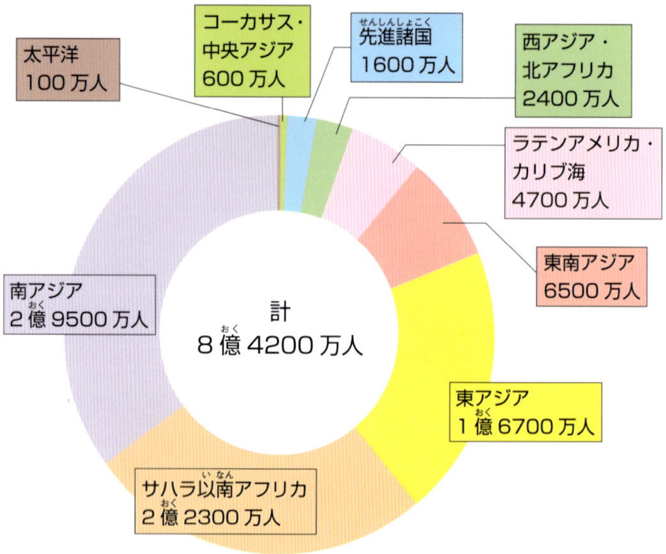

世界人口の8人に1人は満足《まんぞく》な食事ができずに栄養不足《えいようぶそく》の状態《じょうたい》。

(参考《さんこう》：FAO［国際連合食糧農業機関《こくさいれんごうしょくりょうのうぎょうきかん》］)

※合計数は、地域別《ちいきべつ》人数の小数点以下四捨五入《いかししゃごにゅう》を行って出しています。

大豆が食料不足《しょくりょうぶそく》を救《すく》う？

やせた土地でもたくさん収穫《しゅうかく》でき、栄養豊富《えいようほうふ》な大豆は、理想の食べ物といえます。

近年、大豆生産量《せいさんりょう》は増《ふ》えていますが、人が食べるためよりも、油をとるためや、家畜《かちく》のえさにするためなどに、多く使われています。

ウシやブタの家畜《かちく》には、人が食べる量《りょう》の何倍もの食べ物をあたえる必要《ひつよう》があり、肉1kgをつくるために、ウシでは約《やく》11kg、ブタでは約《やく》7kgのトウモロコシが必要《ひつよう》です。えさとなる大豆や穀物《こくもつ》などを直接《ちょくせつ》、人が食べ、肉を食べる量《りょう》を減《へ》らせば、それだけ多くの人に食料《しょくりょう》が行き届《とど》き、食料不足《しょくりょうぶそく》を救《すく》うことになります。

遺伝子《いでんし》組《く》み換《か》え大豆

世界で生産《せいさん》されている大豆の半分以上《いじょう》が、「遺《い》伝子《でんし》組《く》み換《か》え大豆」です。「遺伝子《いでんし》組《く》み換《か》え」とは、ある生物の遺伝子《いでんし》を、ほかの生物の遺《い》伝子配列《でんしはいれつ》に組みこんで、新しい性質《せいしつ》を持たせる技術《ぎじゅつ》のことです。

遺伝子《いでんし》組《く》み換《か》え技術《ぎじゅつ》を使えば、今まで長期間をかけて改良《かいりょう》していたものが、短期間で改良《かいりょう》できます。病気や害虫《がいちゅう》に強い作物を、効率《こうりつ》よく生産《せいさん》できるので、食料不足《しょくりょうぶそく》を解決《かいけつ》するために役立つともいわれています。

ただ、健康《けんこう》や環境《かんきょう》によくない影響《えいきょう》が出るのではないかと不安に思う人も多く、日本では今のところ、ほとんどつくられていません。しかし、日本の大豆輸入先《ゆにゅうさき》であるアメリカは、生産《せいさん》の90％以上《いじょう》が遺伝子《いでんし》組《く》み換《か》え大豆のため、日本にも輸入《ゆにゅう》されています。

交配による品種改良《ひんしゅかいりょう》

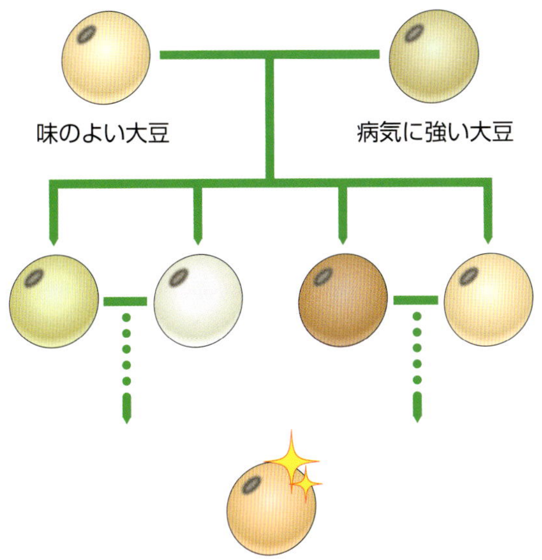

くり返しかけ合わせることで病気に強くておいしいものができる。

遺伝子《いでんし》組《く》み換《か》え技術《ぎじゅつ》

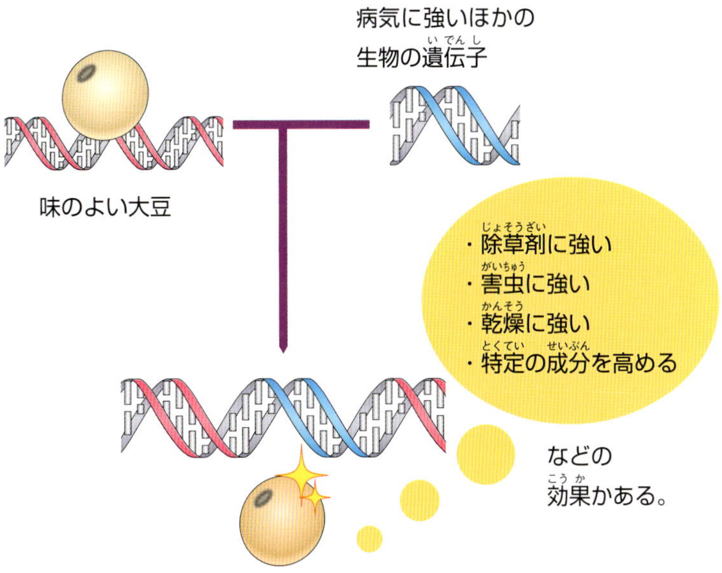

必要《ひつよう》なところだけ遺伝子《いでんし》を組《く》み換《か》えると、効率《こうりつ》よく品種改良《ひんしゅかいりょう》ができる。

コラム

大豆畑が森をこわしている？

南米で大豆栽培《さいばい》がさかんになったことにより、ブラジルなどでは環境《かんきょう》に関《かん》する問題が起こっています。

南米のアマゾン川流域《りゅういき》にある、広大な熱帯雨林《ねったいうりん》は、さまざまな生き物たちがくらしています。しかし、大豆畑を広げるために木が焼《や》かれて、熱《ねっ》帯雨林《たいうりん》が危機《きき》にさらされています。

人の暮《く》らしと自然環境《しぜんかんきょう》とのバランスは、大切なものであり、またとても難《むずか》しいものです。

ブラジルの大豆栽培《さいばい》のようす。畑や家畜《かちく》の放牧地《ほうぼくち》を増《ふ》やすため、熱帯雨林《ねったいうりん》が焼《や》きはらわれている。

世界最大《さいだい》の熱帯雨林《ねったいうりん》であるアマゾン熱帯雨林《ねったいうりん》では、今でも新種《しんしゅ》の生き物が多く発見されている。

あれにも大豆、これにも大豆

大豆と全く関係《かんけい》なさそうな食べ物でも、実は大豆が使われていることがあります。食べ物以外《いがい》の生活用品などにも、大豆が利用《りよう》されています。

大豆タンパク食品

大豆のタンパク質《しつ》だけを抽出《ちゅうしゅつ》した、大豆タンパクは、さまざまな食品にふくまれています。食品を製造《せいぞう》する際《さい》に、大豆タンパクを混《ま》ぜることで、加工《かこう》しやすくなり、またバランスのよい栄養素《えいようそ》になります。増《ふ》えていく人口の食料《しょくりょう》を補《おぎな》うため、大豆タンパクはこれからますます利用《りよう》されると考えられています。

練り製品《せいひん》

魚のすり身に混《ま》ぜて、かまぼこやちくわに加工《かこう》されます。

パン・めん

パンやめんに練りこむと、食感がよくなります。

肉料理《にくりょうり》

ギョウザやハンバーグなどを製造《せいぞう》する際《さい》、ひき肉に混《ま》ぜて使用します。

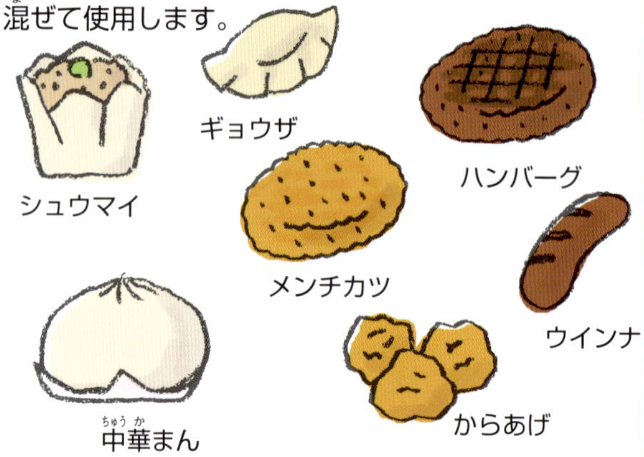

おかし

砂糖《さとう》を使うおかしに混《ま》ぜると、カロリーがおさえられます。

そのほか

水分と油分を混《ま》ぜる、乳化《にゅうか》剤《ざい》としても使われています。

大豆インク

印刷用《いんさつよう》のインクにも、大豆油を原料《げんりょう》にしたものが多く使われています。有害物質《ゆうがいぶっしつ》の発生が少なく、再生紙に利用《りよう》する際《さい》に、インクが分解《ぶんかい》されやすいといわれています。また発色があざやかです。大豆油以外《いがい》の、植物油原料《げんりょう》のインクもあります。

VEGETABLE OIL INK

植物油原料《げんりょう》のベジタブルインクで印刷《いんさつ》しているものに表示《ひょうじ》されているマーク。

大豆洗剤《せんざい》

大豆が原料《げんりょう》の洗剤《せんざい》は、微生物《びせいぶつ》などによって分解《ぶんかい》がされやすいため環境《かんきょう》にやさしく、また、はだの弱い人でも使いやすいです。

大豆が原料《げんりょう》の洗濯洗剤《せんたくせんざい》。

大豆の成分《せいぶん》が入った石けん。

建築材料《けんちくざいりょう》

木材用接着剤《もくざいようせっちゃくざい》や樹脂《じゅし》、塗料《とりょう》などにも、大豆由来の環境《かんきょう》にやさしいものがあります。

大豆クレヨン

大豆やみつろうが原料《げんりょう》で、子どもがなめても安全なクレヨンとして人気があります。

大豆クレヨン

大豆キャンドル

大豆キャンドルは、有害《ゆうがい》なガスやススが出ずに、空気をよごさないので、部屋の中でも安心して使えます。

大豆キャンドル

バイオディーゼル

大豆油やパーム油など、植物油からできるバイオディーゼルは、自動車の燃料《ねんりょう》になります。使用済《しようず》みの天ぷら油からつくることができ、燃料《ねんりょう》として燃《も》やしても、大気中の二酸化炭素《にさんかたんそ》量《りょう》が増《ふ》えないなどの利点《りてん》があります。

天ぷら油からつくったバイオディーゼルを利《り》用《よう》して走るバス。

協力：リボーン〈エコツーリズム・ネットワーク〉

さくいん

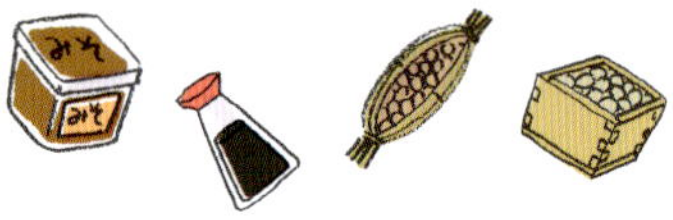

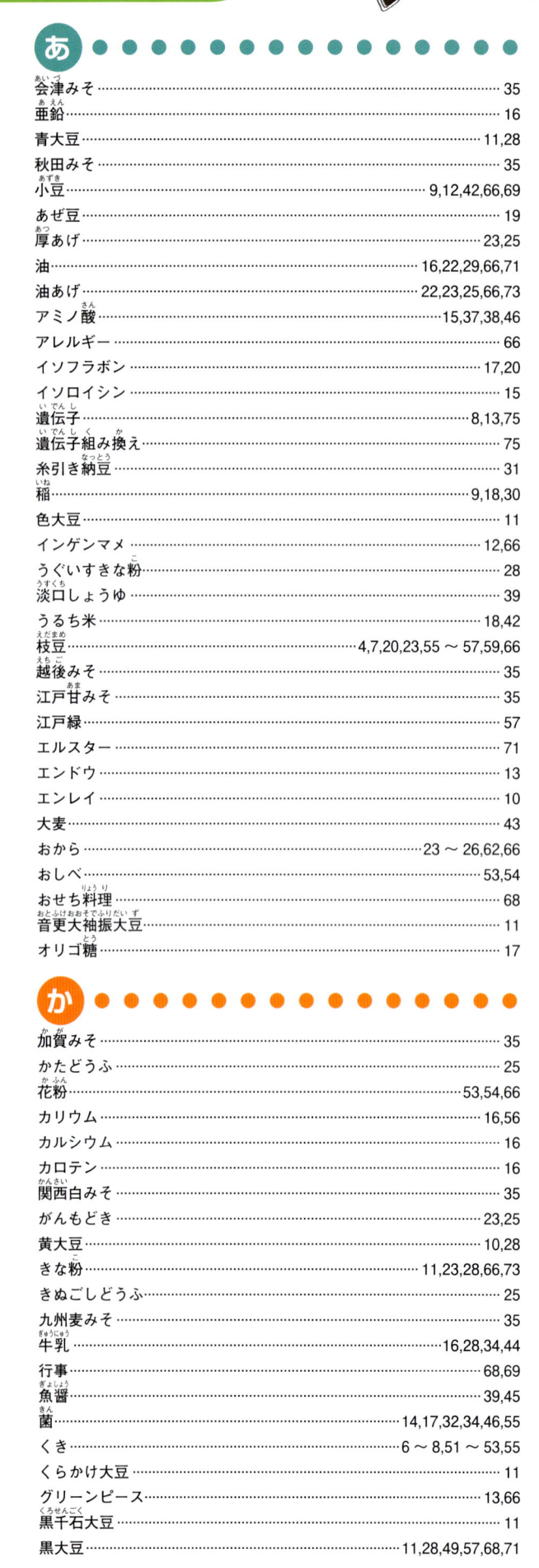

あ

か

さ

た

な

は

ま

やらわ

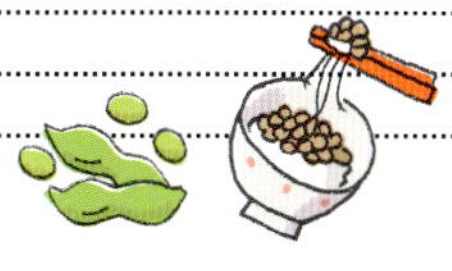

監　修
東北大学大学院農学研究科教授
国分牧衛（こくぶん まきえ）
1950年岩手県生まれ。東北大学農学部（作物学）卒業。農学博士。農水省東北農業試験場、農水省農業研究センター、農水省国際農林水産業研究センターなどを経て現職。ダイズやイネの研究、各地での講演、さらに外国との共同研究などにも従事。小学校教科書国語三年下（光村図書）に、「すがたをかえる大豆」を執筆。『そだててあそぼう 9 ダイズの絵本』（農文協）、『豆類の栽培と利用』（朝倉書店）、『新訂 食用作物』（養賢堂）ほか著書多数。

写　真　小須田 進
イラスト　すみもとななみ／高橋悦子／マカベアキオ
資料・写真協力（順不同・敬称略）
ネイチャー・プロダクション／アマナイメージズ／フォトライブラリー／日本豆類協会／サカタのタネ／印刷インキ工業連合会／大力納豆［p32-33］／タカノフーズ株式会社［p32］／みそ健康づくり委員会［p35］／石井味噌［p36-37］／しょうゆ情報センター［p39］／カネイワ醤油本店［p40-41］／NPO法人大豆100粒運動を支える会［p59］／聖ヨゼフ学園小学校［p59］／キッコーマン［p70］／藤沢園子［p71］／リボーン＜エコツーリズム・ネットワーク＞［p77］／株式会社リバネス［後見返し］／宮坂醸造［後見返し］
装丁・本文デザイン　芝山雅彦
編　集　ネイチャー・プロ編集室（室橋織江／三谷英生）

大豆まるごと図鑑
すがたをかえる大豆

初版発行／2014年2月　第8刷発行／2022年1月

監　修／国分牧衛

発行所／株式会社 金の星社
〒111-0056　東京都台東区小島1-4-3
電話　03(3861)1861（代表）　FAX　03(3861)1507
ホームページ　http://www.kinnohoshi.co.jp
振替　00100-0-64678

印　刷／株式会社 広済堂ネクスト
製　本／牧製本印刷 株式会社

NDC498　80P　28.7cm　ISBN978-4-323-05685-2

宇宙《うちゅう》を旅した大豆

日本の各地域《かくちいき》で、昔から育てられてきた大豆を、「地大豆」といいます。その地大豆が、2010～2011年に宇宙《うちゅう》を旅しました。「宇宙《うちゅう》大豆プロジェクト」といって、スペースシャトルで宇宙《うちゅう》に打ち上げた地大豆を育て、食育、教育に活用し、さらに、地大豆の保存《ほぞん》や地域《ちいき》を活性化《かっせいか》するプロジェクトです。

現在《げんざい》、各地の小学校や農園などで、無重力《むじゅうりょく》の宇宙《うちゅう》に置《お》いた宇宙《うちゅう》大豆がどのように育つのか、何世代にもわたって栽培《さいばい》する実験《じっけん》が行われています。もしかしたら、みなさんの学校でも、宇宙《うちゅう》大豆を育てているかもしれませんね。